FUNDAMENTOS
DA
TEORIA DE ERROS

Trabalho dedicado à memória de meu pai

Adalberto Felipe Vuolo

Embora este Guia forneça um esquema de trabalho para atribuir incerteza, ele não pode substituir pensamento crítico, honestidade intelectual e habilidade profissional. A avaliação de incerteza não é uma tarefa de rotina, nem um trabalho puramente matemático; depende de conhecimento detalhado da natureza do mensurando e da medição. Assim, a qualidade e utilidade da incerteza apresentada para o resultado de uma medição dependem, em última instância, da compreensão, da análise crítica e da integridade daqueles que contribuiram para atribuir o valor à mesma.

Tradução de trecho do
"Guide to the Expression of Uncertainty in Measurement"
Publicação de 1993, em nome das Instituições
BIPM   IEC   IFCC   ISO   IUPAC   IUPAP   OIML

JOSÉ HENRIQUE VUOLO
Professor Assistente Doutor do
Instituto de Física da Universidade de São Paulo

FUNDAMENTOS
DA
TEORIA DE ERROS

2ª edição revista e ampliada

Fundamentos da teoria de erros
© 1996 José Henrique Vuolo
2ª edição – 1996
12ª reimpressão – 2020
Editora Edgard Blücher Ltda.

Blucher

Rua Pedroso Alvarenga, 1245, 4º andar
04531-934 – São Paulo – SP – Brasil
Tel.: 55 11 3078-5366
contato@blucher.com.br
www.blucher.com.br

É proibida a reprodução total ou parcial
por quaisquer meios sem autorização
escrita da editora.

Todos os direitos reservados pela Editora
Edgard Blücher Ltda.

Dados Internacionais de Catalogação na Publicação (CIP)
(Câmara Brasileira do Livro, SP, Brasil)

Vuolo, José Henrique
   Fundamentos da teoria de erros / José
Henrique Vuolo. – 2. ed. – São Paulo : Blucher,
1996.

   Bibliografia.
   ISBN 978-85-212-0056-7

1. Teoria dos erros I. Título.

05-6233   CDD-511.43

Índice para catálogo sistemático:
1. Teoria de erros : Matemática   511.43

Prefácio da 2ª Edição

Este texto foi escrito para ser utilizado em cursos de laboratório de de Física Geral para alunos de Física e Engenharia, sendo baseado em apostilas e textos isolados que escrevi ao longo dos anos desde 1976. Entretanto, vários tópicos foram acrescentados para dar maior rigor e consistência ao conjunto. Assim, acredito que o texto será útil também para estudantes de Iniciação Científica e Pós-graduação, no tratamento de dados experimentais.

Uma das dificuldades do assunto é a existência de algumas divergências na nomenclatura e em regras básicas relativas a incertezas. Felizmente, tem sido realizado um esforço, em nível de organizações internacionais, no sentido de unificar a nomenclatura e se chegar a um consenso quanto a certas regras básicas. Um dos bons resultados desse esforço é a publicação de um texto importante no assunto, o *Guide to the Expression of Uncertainty in Measurement* (Referência 20), editado em 1993 em nome de várias organizações internacionais (BIPM, IEC, IFCC, ISO, IUPAC, IUPAP e OIML). Esta publicação serviu de base para modificações na nomenclatura desta 2ª Edição, em relação à 1ª Edição. Além disso, algumas palavras foram modificadas conforme a tradução patrocinada pelo INMETRO em 1994 (Referência 22), do *International Vocabulary of Basic and General Terms in Metrology,* também publicado em nome das organizações citadas.

Agradeço a Odair G. Martins, pelas úteis discussões sobre o assunto.

Agradeço ao Prof. Vito R. Vanin por apontar falhas de nomenclatura e outras falhas conceituais em apostila preliminar que escrevi, além de outras valiosas sugestões.

Agradeço ao Prof. Giorgio Moscati, pela valiosa colaboração em questões relativas à Metrologia.

Agradeço ao Prof. Aluisio N. Fagundes pela grande ajuda no uso do computador e do programa LaTeX, utilizados na edição deste texto.

São Paulo, Setembro de 1995

JHVuolo

Índice

Capítulo 1 - Probabilidades
Distribuições para variável discreta

1.1. Probabilidade e frequência relativa 1
1.2. Distribuição de variável discreta 7
1.3. Valor médio e desvio padrão 8
1.4. Distribuição binomial 9
1.5. Distribuição de Poisson 13
1.6. Aplicações da distribuição de Poisson 18

Capítulo 2 - Probabilidades
Distribuições para variável contínua

2.1. Variável contínua 23
2.2. Função de densidade de probabilidade 25
2.3. Valor médio e desvio padrão 27
2.4. Função de Laplace-Gauss 29
2.5. Histograma 37

Capítulo 3 - Distribuição gaussiana

3.1. Valor verdadeiro do mensurando 41
3.2. Definição de erro 44
3.3. Distribuição de Laplace-Gauss 45
3.4. Justificativa para a função gaussiana 46

viii

Capítulo 4 - Incerteza

4.1. Objetivos da teoria dos erros 53
4.2. Formas de indicar a incerteza 54
4.3. Intervalo de confiança 55
4.4. Interpretação da incerteza padrão 57
4.5. Limite de erro 61
    4.5.1. Distribuição gaussiana 61
    4.5.2. Outras distribuições 62
    4.5.3. Regra prática 63

Capítulo 5 - Algarismos significativos

5.1. Incerteza padrão experimental 65
5.2. Conceito de algarismo significativo 66
5.3. Algarismos na incerteza padrão 68
5.4. Algarismos significativos na grandeza 70
5.5. Arredondamento de números 71
5.6. Formas de indicar a incerteza padrão 72
5.7. Grandezas sem indicação da incerteza 73

Capítulo 6 - Erros sistemáticos e estatísticos

6.1. Valor médio de n resultados 77
6.2. Erros estatísticos e sistemáticos 78
6.3. Erros estatísticos 81
6.4. Erros sistemáticos 82
    6.4.1 Erros sistemáticos instrumentais 82
    6.4.2 Erros sistemáticos ambientais 83
    6.4.3 Erros sistemáticos observacionais 83
    6.4.4 Erros sistemáticos teóricos e outros 84
6.5. Incertezas sistemáticas residuais 85
6.6. Erros grosseiros 86
6.7. Incertezas de tipo A e de tipo B 87

Capítulo 7 - Valor médio e desvio padrão

7.1. Valor médio verdadeiro 95
7.2. Desvio padrão para n medições 97
7.3. Desvio padrão no valor médio 99
7.4. Desvio padrão experimental 101
7.5. Limite de erro estatístico 102
7.6. A incerteza padrão 103
7.7. Incerteza sistemática residual 105
7.8. Incertezas relativas 106
7.9. Resumo 107

Capítulo 8 - Propagação de incertezas

8.1. Fórmula de propagação de incertezas 113
8.2. Algumas fórmulas de propagação 115
8.3. Dedução da fórmula de propagação 118
8.4. Covariância 121
8.5. Correlação 122
8.6. Transferência de incerteza 125
8.7. Combinação de incertezas tipo B 127

Capítulo 9 - Instrumentos de medição

9.1. Leitura de instrumentos 129
9.2. Incertezas de tipo A e tipo B 130
9.3. Estimativa da incerteza de tipo B 130
9.4. Erros de calibração 131
9.5. Erro instrumental 138

Capítulo 10 - Método de máxima verossimilhança

10.1. Conjunto de pontos experimentais 141
10.2. Ajuste de função 143
10.3. Método de máxima verossimilhança 144
10.4. Qualidade de um ajuste de função 146

x

Capítulo 11 - Método dos mínimos quadrados

11.1. Dedução do método 149
11.2. Melhor aproximação em n medições 152
11.3. Média para n medições idênticas 155

Capítulo 12 - Função linear nos parâmetros

12.1. Solução geral para os parâmetros 157
12.2. Inversão de matrizes 160
12.3. Incertezas nos parâmetros 161
12.4. Covariância dos parâmetros 162
12.5. Ajuste para incertezas iguais 162
12.6. Interpretação de χ^2 163
12.7. Independência entre os parâmetros 166

Capítulo 13 - Regressão linear e polinomial

13.1. Ajuste de reta 171
  13.1.1. Caso geral 172
  13.1.2. Ajuste de reta para incertezas iguais 175
  13.1.3. Ajuste de reta y=ax 176
  13.1.4. Ajuste de reta y=ax, com incertezas iguais 177
13.2. Ajuste de polinômio 179
13.3. Covariância dos parâmetros 180

Capítulo 14 - Qualidade de ajuste

14.1. Verossimilhança no ajuste de função 189
14.2. Barras de incerteza 193
14.3. Teste de χ^2-reduzido 195
14.4. Utilização de χ^2_{red} 201
14.5. Incertezas desconhecidas e iguais 202

Apêndice A - Probabilidades

A.1. Definição de probabilidade 211
A.2. Lei dos grandes números 213
A.3. Teorema do limite central 213
A.4. Teorema de Lindeberg-Feller 215

Apêndice B - Vocabulário sobre erros

B.1. Introdução 217
B.2. Vocabulário 219

Apêndice C - Regras ortodoxas e aleatórias

C.1. Teorias "ortodoxa" e "aleatória" 227
C.2. Recomendações do BIPM sobre incertezas 228
C.3. Regras ortodoxas 229
C.4. Discussão sobre as regras 230

Apêndice D

Critério de Chauvenet 233

Apêndice E

Variáveis correlacionadas (Propagação de incertezas) 235

Apêndice F

Incerteza no desvio padrão 237

Referências bibliográficas 239

Índice remissivo 241

Capítulo 1

Probabilidades

Distribuições para variável discreta

Resumo

Neste capítulo são resumidos alguns conceitos básicos sobre probabilidades e sobre distribuição de probabilidades com variável discreta. Em particular, são deduzidas as distribuições binomial e de Poisson, importantes exemplos de distribuições discretas.

1.1 Probabilidade e frequência relativa

Processo aleatório é qualquer fenômeno que pode ter diferentes resultados finais, quando repetido sob *certas condições predeterminadas*. Nem todas as condições envolvidas no fenômeno precisam ser predeterminadas. Muitas vezes, o que torna o processo aleatório é justamente o fato de que algumas condições não são ou não podem ser repetidas.

Os diferentes resultados finais podem ser definidos como *eventos*. Mas, os diferentes resultados finais podem também ser arbitrariamente reunidos em grupos, os quais podem ser definidos como eventos.

Exemplo 1. Um exemplo simples de processo aleatório ocorre ao jogar um dado comum com as mãos. O processo pode ter 6 diferentes resultados finais: 1, 2, 3, 4, 5 e 6. Estes 6 resultados finais podem ser definidos como eventos.

Os eventos podem também ser definidos de maneiras diferentes, agrupando resultados finais, tal como

$$\underbrace{1 \; ou \; 2}_{evento \; A} \quad \underbrace{3, \; 4, \; 5 \; ou \; 6}_{evento \; B} \; .$$

Se o dado fosse jogado com uma máquina, de tal forma que a posição e a velocidade iniciais do dado fossem precisamente predeterminadas, poderia ser que o resultado final fosse totalmente repetitivo e o fenômeno deixasse de ser aleatório.

Quando o dado é jogado com as mãos, nem todas as condições são repetidas e é justamente o que torna o fenômeno aleatório. Por outro lado, existem certos fenômenos físicos que são aleatórios, mesmo que absolutamente todas as condições envolvidas sejam repetidas. Em particular, vários fenômenos que ocorrem com átomos, núcleos atômicos e partículas elementares são deste tipo. Isto é, o processo é aleatório mesmo quando todas as condições externas são repetidas.

No que segue será considerado um processo aleatório y do qual pode resultar um número finito m de eventos indicados por

$$\underbrace{y_1 \quad y_2 \quad y_3 \quad \cdots \quad y_i \quad \cdots \quad y_{m-1} \quad y_m}_{m \; eventos \; possíveis} \; ,$$

onde y_i indica qualquer um dos eventos.

A *frequência de ocorrência* do evento y_i é definida como o número de vezes $N(y_i)$ que ocorre y_i quando o processo y é repetido N vezes. Resulta desta definição que

$$\sum_{i=1}^{m} N(y_i) \; = \; N \, . \tag{1.1}$$

1.1. PROBABILIDADE E FREQUÊNCIA RELATIVA 3

A *frequência relativa* do evento y_i é definida como

$$F(y_i) = \frac{N(y_i)}{N}. \tag{1.2}$$

Isto é, a frequência relativa é a fração de eventos y_i em relação ao número total de eventos.

Se o processo é repetido indefinidamente ($N \longrightarrow \infty$), espera-se que esta fração se torne um número cada vez mais definido[1] que é a probabilidade de ocorrência do evento y_i. Isto é, a *probabilidade de ocorrência do evento* y_i é definida por

$$P(y_i) = \lim_{N\to\infty} \frac{N(y_i)}{N} = \lim_{N\to\infty} F(y_i). \tag{1.3}$$

A Equação 1.2 mostra que a probabilidade é um número de 0 a 1, pois $0 \le N(y_i) \le N$.

Frequentemente, a probabilidade é dada na forma de porcentagem:

$$P_{\%}(y_i) = 100\,P(y_i) \qquad (\text{probabilidade em porcentagem}).$$

A definição 1.3 mostra que a frequência relativa é sempre uma aproximação para a probabilidade de ocorrência do evento. Esta aproximação é tanto melhor quanto maior o número N de repetições do processo. Conforme as Equações 1.1 e 1.2,

$$\sum_{i=1}^{m} F(y_i) = \frac{1}{N} \sum_{i=1}^{m} N(y_i) = 1.$$

Assim, resulta

$$\sum_{i=1}^{m} F(y_i) = \sum_{i=1}^{m} P(y_i) = 1. \tag{1.4}$$

Isto é, a soma das probabilidades para todos os eventos possíveis é 1.

---

[1]Este tipo de convergência de $F(y_i)$ para um valor bem definido, conforme N aumenta é assegurada pela chamada "Lei dos grandes números", resumida no Apêndice A. As diversas definições de probabilidade também são resumidas neste mesmo Apêndice.

4 CAPÍTULO 1. PROBABILIDADES

A propriedade 1.4 permite calcular a probabilidade, quando os eventos são *equiprováveis*. Se as probabilidades P_i são iguais,

$$P(y_1) = P(y_2) = \cdots = P(y_i) = \cdots = P(y_n) = p$$

e resulta que

$$\sum_{i=1}^{m} P(y_i) = p \sum_{i=1}^{m} 1 = pm = 1 \,.$$

Assim,

$$p = \frac{1}{m} \,. \tag{1.5}$$

A frequência de eventos *diferentes* y_i e y_j em N repetições de um mesmo processo é a soma das frequências de cada um. Assim, resulta que a probabilidade para os *dois eventos* (y_i ou y_j) em um mesmo processo é

$$P(y_i \text{ ou } y_j) = P(y_i) + P(y_j) \qquad \text{para } i \neq j \,. \tag{1.6}$$

Uma propriedade importante se refere a probabilidades para *2 processos aleatórios* Y e Z *independentes* entre si[2]. Se $P(y_i)$ é a probabilidade do evento y_i no processo Y e $P(z_j)$ é a probabilidade do evento z_j no processo Z, então pode ser mostrado que a probabilidade de ocorrência simultânea dos eventos y_i e z_j é

$$P(y_i \text{ e } z_j) = P(y_i) P(z_j) \tag{1.7}$$

Esta propriedade pode ser demonstrada considerando N repetições simultâneas dos processos Y e Z. No processo Y, o evento y_i ocorre $N(y_i)$ vezes. Considerando apenas os casos em que ocorreu y_i no processo Y, somente numa fração $F(z_j)$ desses casos ocorreu também z_j no processo Z. Isto é, o número de vezes que ocorreu y_i e z_j simultaneamente é $N(y_i) F(z_j)$. Dividindo por N, obtém-se $F(y_i) F(z_j)$, que no limite para $N \longrightarrow \infty$ resulta na equação acima. A demonstração pode ser generalizada para o caso geral, em que ocorrem N repetições do processo Y e M repetições do processo Z. Admitindo $N \leq M$, basta considerar N repetições simultâneas dos dois processos e ($M - N$)

---

[2]Por exemplo, jogar um dado (processo Y) e uma moeda (processo Z).

1.1. PROBABILIDADE E FREQUÊNCIA RELATIVA 5

repetições isoladas do processo Z. Evidentemente, nas repetições isoladas do processo Z, não existem eventos y_i, e portanto, as $(M - N)$ repetições isoladas do processo Z podem ser simplesmente ignoradas. Assim, vale a mesma demonstração anterior. Se $M \leq N$ basta trocar y por z e vale a mesma demonstração.

Em certos casos, é possível calcular as probabilidades para os diferentes resultados de um processo complicado, utilizando somente as Equações 1.5, 1.6 e 1.7. Isto ocorre quando é possível desmembrar o processo complicado em processos independentes mais simples, nos quais seja possível identificar resultados equiprováveis.

Exemplo 2. A tabela mostra possíveis resultados de um dado jogado N vezes, onde "4" é o evento de interesse, indicado por y_4. $N(y_4)$ é a frequência e $F(y_4) = N(y_4)/N$ é a frequência relativa.

N	10	100	1000	10^4	10^5	10^6
$N(y_4)$	3	12	163	1698	16605	166753
$F(y_4)$	$0,30$	$0,120$	$0,163$	$0,1698$	$0,1660$	$0,16675$

Devido à simetria das 6 faces de um dado, os 6 resultados possíveis podem ser considerados equiprováveis e a probabilidade de cada resultado é dada pela Equação 1.5, para $(m = 6)$:

$$P(y_4) = p = 1/m = 0,166666\ldots \quad (\text{probabilidade teórica}).$$

A frequência relativa $F(y_4)$ é sempre uma aproximação para a probabilidade $P(y_4) = p$, embora esta aproximação seja muito ruim nos primeiros casos.

Deve ser observado que $p = 1/6 = 0,166666\ldots$ pode ser considerada uma "probabilidade teórica" e não o valor verdadeiro para a probabilidade. Isto é, o dado ou a maneira de jogá-lo podem ser "viciados" e as probabilidades para diferentes resultados podem não ser exatamente iguais.

Exemplo 3. Um projétil pequeno é disparado contra uma área A, na qual existe um alvo de área S (ver Figura 1.1). O problema consiste em calcular a probabilidade de acerto no alvo menor, se o projétil atinge a área A totalmente ao acaso.

A probabilidade de acerto pode ser calculada identificando resultados equiprováveis. Um modo de fazer isto consiste em dividir a área A em um reticulado de pequenos quadrados de área Δs. O número de quadrados contidos na área A é aproximadamente

$$m \cong \frac{A}{\Delta s}.$$

O acerto em cada quadrado é um resultado equiprovável, sendo a probabilidade dada por 1.5:

$$p \cong \frac{1}{m} \cong \frac{\Delta s}{A}.$$

A probabilidade P de acerto no alvo menor é, conforme 1.6, a soma das probabilidades de acerto nos n quadrados contidos no alvo menor.

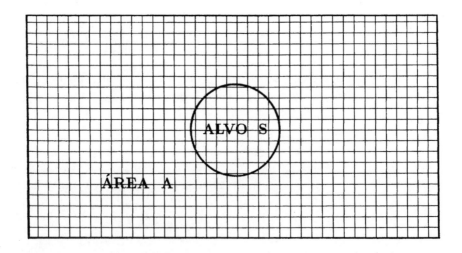

Figura 1.1. *Um projétil é disparado ao acaso contra um alvo maior de área A, na qual existe um alvo menor de área S.*

1.2. DISTRIBUIÇÃO DE VARIÁVEL DISCRETA

O número de quadrados contidos na área S é dado aproximadamente por

$$n \cong \frac{S}{\Delta s},$$

e assim,

$$P \cong np \cong \frac{S}{A}.$$

Em princípio, o resultado acima é aproximado porque não é possível determinar exatamente os números m e n, devido a uma certa indefinição dos quadrados nas bordas das áreas A e S. Entretanto, a dificuldade desaparece para Δs arbitrariamente pequena ($\Delta s \to 0$). Neste limite, o resultado acima pode ser considerado exato.

1.2 Distribuição de variável discreta

No que segue, são considerados processos aleatórios, para os quais cada resultado pode ser descrito quantitativamente por um número[3] y. Quando os resultados possíveis para y constituem um conjunto bem definido de valores y_i, que podem se enumerados, a quantidade y é chamada *variável discreta*. Isto é, uma variável discreta y poderá assumir valores que podem ser enumerados em ordem crescente, tal como

$$\underbrace{y_1 \quad y_2 \quad y_3 \quad \cdots \quad y_i \quad \cdots \quad y_{m-1} \quad y_m}_{m \ valores \ possíveis}.$$

Cada um dos possíveis valores y_i da variável discreta tem uma probabilidade $P(y_i)$ de ocorrer num processo simples. O conjunto de m valores $P(y_i)$, para todos os valores possíveis de i, é definido como a *distribuição de probabilidades* para a variável discreta y.

Uma propriedade importante da distribuição de probabilidades é a Equação 1.4, que é chamada *condição de normalização*:

$$\sum_{i=1}^{m} P(y_i) = 1. \tag{1.8}$$

---

[3]Que pode ser adimensional ou ter uma dimensão física.

1.3 Valor médio e desvio padrão

Para N repetições de um processo aleatório de variável discreta y, o *valor médio* de y é definido por

$$\bar{y} = \frac{1}{N} \sum_{k=1}^{N} Y_k,$$ (1.9)

onde Y_1, Y_2, $\cdots$, Y_k, $\cdots$, Y_N são os N *resultados obtidos* para y. Se cada *resultado possível* y_i ocorreu $N(y_i)$ vezes, a soma $\sum Y_k$ pode ser rearranjada como $\sum N_i y_i$. Assim, o valor médio $\bar{y}$ pode ser reescrito como

$$\bar{y} = \frac{\sum_{i=1}^{m} y_i N(y_i)}{N}.$$ (1.10)

A razão $N(y_i)/N$ é a frequência relativa $F(y_i)$. Assim,

$$\bar{y} = \sum_{i=1}^{m} y_i F(y_i).$$ (1.11)

Conforme $N \longrightarrow \infty$, o valor médio $\bar{y}$ deve se aproximar de um valor bem definido[4], que é chamado *valor médio verdadeiro* ou *média limite* [5]. Assim, o valor médio verdadeiro pode ser representado por[6]

$$\mu = \lim_{N \to \infty} \bar{y}.$$ (1.12)

Por outro lado, quando $N \longrightarrow \infty$, a frequência relativa $F(y_i)$ deve tender à probabilidade $P(y_i)$. Assim, a Equação 1.11 mostra que o valor médio verdadeiro é dado por

$$\mu = \sum_{i=1}^{m} y_i P(y_i).$$ (1.13)

---

[4]Essencialmente, esta é a "Lei dos grandes números", resumida no Apêndice A.

[5]Também chamado "esperança matemática de y", ou "média da distribuição".

[6]Esta não é uma maneira muito correta de representar o valor médio verdadeiro, pois o valor médio "converge" para o valor médio verdadeiro em termos probabilísticos, e não no sentido de convergência de um limite matemático.

1.4. DISTRIBUIÇÃO BINOMIAL

Uma vez que o número N de repetições de um processo aleatório não pode ser infinito, é evidente que o *valor médio verdadeiro* μ é uma quantidade sempre desconhecida, para uma distribuição de probabilidades real. A Equação 1.13 parece sugerir que o valor médio verdadeiro pode ser conhecido exatamente, mas isto não ocorre na prática, pois os valores das probabilidades $P(y_i)$ nunca são conhecidos exatamente.

Uma característica importante de uma distribuição de probabilidades é a *variância*, que é definida por

$$\sigma^2 = \sum_{i=1}^{m} (y_i - \mu)^2 \, P(y_i) \; . \tag{1.14}$$

O *desvio padrão* σ da distribuição de probabilidades é definido como a raiz quadrada positiva da variância, isto é,

$$\sigma = +\sqrt{\sigma^2} = +\sqrt{\sum_{i=1}^{m} (y_i - \mu)^2 \, P(y_i)} \; .$$

As equações acima definem *valores verdadeiros* para a variância e para o desvio padrão. Na prática, estas quantidades também não são conhecidas exatamente, pois μ e as probabilidades $P(y_i)$ não são conhecidos exatamente.

1.4 Distribuição binomial

A seguir, é considerado um processo aleatório simples, no qual a probabilidade de ocorrência de um evento A é p. Um problema importante é determinar a probabilidade $P_n(y)$ para y ocorrências do resultado A em n repetições do processo.

A distribuição de probabilidades $P_n(y)$ que é solução deste problema é chamada *distribuição binomial*, deduzida a seguir.

As n repetições do processo simples, também podem ser entendidas como um único processo constituído de n processos independentes.

10   CAPÍTULO 1. PROBABILIDADES

Indicando por B a "não ocorrência" de A, um exemplo de resultado possível é

$$\underbrace{A\ A\ A\ \cdots\ A\ A}_{y\ vezes}\ \underbrace{B\ B\ B\ B\ \cdots\ B\ B\ B}_{(n-y)\ vezes}\ . \qquad (1.15)$$

Isto é, o resultado A ocorre nas y primeiras repetições do processo e não ocorre nas $(n-y)$ últimas repetições. A probabilidade de ocorrência de A em cada processo simples é p, sendo $(1-p)$ a probabilidade para B. A probabilidade de ocorrer 1.15 é dada pelo produto das probabilidades individuais, conforme a Equação 1.7:

$$P_0 = p^y (1 - p)^{n-y} . \qquad (1.16)$$

O resultado 1.15 é, na realidade, muito particular. Qualquer troca de A com B em 1.15 também é um resultado com y ocorrências de A em n repetições do processo e com probabilidade P_0. O número de resultados possíveis é dado por

$$C_{ny} = \frac{n!}{y!(n-y)!} , \qquad (1.17)$$

que é o número de *combinações* possíveis de y objetos idênticos em n posições. Isto é, pode ser considerado que os eventos A são y objetos idênticos que devem ser arranjados em n lugares, sendo os $(n-y)$ lugares restantes "ocupados" por B.

O resultado acima também pode ser deduzido como segue. O número total de trocas em 1.15 (A com A, A com B ou B com B) é dado por $n!$, que é o número de *permutações* possíveis entre n objetos. Entretanto, para cada permutação, existem $y!$ trocas de A com A e $(n-y)!$ trocas de B com B que correspondem ao mesmo resultado. Assim, o número total de permutações deve ser dividido pelo número total de resultados idênticos para cada permutação, para se obter o número de resultados diferentes possíveis.

Assim, conforme a Equação 1.6, a probabilidade total de y ocorrências do evento A em n repetições do processo é dada pela soma das probabilidades, que é P_0 vezes o número de possibilidades:

$$P_n(y) = C_{np}\, p^y (1-p)^{n-y} . \qquad (1.18)$$

1.4. DISTRIBUIÇÃO BINOMIAL

Substituindo 1.17 em 1.18, obtém-se a *distribuição binomial*:

$$P_n\left(y\right) = \frac{n!}{y!\left(n-y\right)!}\, p^y\left(1-p\right)^{n-y}\,. \tag{1.19}$$

A distribuição binomial é uma distribuição de probabilidades para a variável discreta y, que só pode assumir valores inteiros de 0 a n.

O valor médio verdadeiro μ pode ser calculado diretamente a partir da Equação 1.13, observando que

$$y_i = \left(i-1\right) \quad \left(\text{quando}\;\; i=1\,,\;\; y_1 = 0\right) \quad\quad e \quad\quad m = n+1\,.$$

Isto e, o índice i pode ser trocado por $y_i = y$ na somatória, mas assumindo valores de 0 a n:

$$\mu = \sum_{y=0}^{n} y\,\frac{n!}{y!\left(n-y\right)!}\, p^y\left(1-p\right)^{n-y} = n\,p\,. \tag{1.20}$$

A demonstração deste resultado é baseada na fórmula para expansão do binômio[7]:

$$\left(q+p\right)^r = \sum_{z=0}^{r} \mathcal{C}_{rz}\, p^z\, q^{r-z}\,. \tag{1.21}$$

Substituindo

$$\frac{y}{y!} = \frac{1}{\left(y-1\right)!} \quad\quad e \quad\quad n = \left(r+1\right)$$

na expressão 1.20, obtém-se

$$\mu = \sum_{y=1}^{r+1} p\,\frac{\left(r+1\right)!}{\left(y-1\right)!\left[r-\left(y-1\right)\right]!}\, p^{\left(y-1\right)}\left(1-p\right)^{\left[r-\left(y-1\right)\right]}\,. \tag{1.22}$$

Substituindo (y-1) por z, obtém-se

$$\mu = \sum_{z=0}^{r+1} p\left(r+1\right)\frac{r!}{z!\left(r-z\right)!}\, p^z\left(1-p\right)^{\left(r-z\right)} \tag{1.23}$$

$$= p\left(r+1\right)\left[\left(1-p\right)+p\right]^{\left(r+1\right)} = p(r+1) = p\,n\,. \tag{1.24}$$

---

[7]O que deu origem ao adjetivo "binomial" para a distribuição binomial.

12 CAPÍTULO 1. PROBABILIDADES

Para a variância, pode ser demonstrado[8] diretamente da definição 1.14 que

$$\sigma_b^2 = \sum_{y=0}^{n}(y-\mu)^2 P_n(y) = n\,p\,(1-p)\,. \tag{1.25}$$

Em resumo, o valor médio μ e o desvio padrão σ_b para a distribuição binomial são dados por

$$\mu = n\,p \qquad e \qquad \sigma_b = \sqrt{n\,p\,(1-p)}\,. \tag{1.26}$$

Usando a expansão binomial 1.21, pode ser diretamente verificado que a distribuição binomial satisfaz à condição de normalização 1.8. Isto é,

$$\sum_{y=0}^{n} P_n(y) = \sum_{y=0}^{n} \frac{n!}{y!(n-y)!}\,p^y\,(1-p)^{n-y} = [\,(1-p)+p\,]^n = 1\,.$$

Exemplo 4. Um dado é jogado 10 vezes e o resultado "4" é considerado como evento A. Em cada jogada, a probabilidade de ocorrência do evento A é $p = 1/6$. A distribuição binomial permite calcular a probabilidade $P_{10}(y)$ de se obter y eventos A em 10 jogadas. Isto é, jogando o dado 10 vezes, o resultado "4" pode ocorrer 10 vezes ou 9 vezes ou 8 vezes e assim por diante, até nenhuma vez.

As probabilidades são dadas por

$$P_{10}(y) = \frac{10!}{y!\,(10-y)!}\,\left(\frac{1}{6}\right)^y\,\left(\frac{5}{6}\right)^{(10-y)}\,.$$

Os valores calculados são mostrados na Figura 1.2.

---

[8]A demonstração é mais trabalhosa, mas utiliza artifícios semelhantes aos usados na demonstração acima. Tais artifícios são sugeridos na Questão 1.

1.5. DISTRIBUIÇÃO DE POISSON

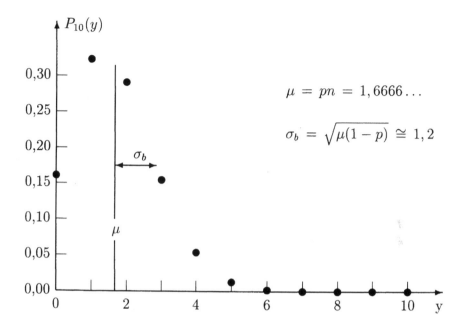

Figura 1.2. *Distribuição binomial para $p = 1/6$ e $n = 10$, que fornece a probabilidade de obter y resultados "4" em 10 jogadas de um dado.*

1.5 Distribuição de Poisson

A distribuição binomial é importante do ponto de vista conceitual, mas a expressão 1.19 é inconveniente quando $n \gg 1$ e $p \ll 1$, devido às dificuldades de cálculos. Neste caso, é possível obter uma boa aproximação para a distribuição binomial que é a *distribuição de Poisson*:

$$P_\mu(y) = \frac{\mu^y}{y!}\, e^{-\mu}, \qquad (1.27)$$

onde

$$\mu = np\,.$$

14   *CAPÍTULO 1. PROBABILIDADES*

Para $n \gg 1$ e $p \ll 1$, as probabilidades dadas pela distribuição binomial só são significativas para $y \ll n$. Além destas condições, a distribuição de Poisson é deduzida usando a chamada *aproximação de Stirling* :

$$\ln n! \cong n \ln n - n + \frac{1}{2} \ln 2\pi n \qquad \text{para} \quad n \gg 1. \qquad (1.28)$$

e a expansão de $ln(1+x)$ em série de potências:

$$\ln(1+x) \cong x - \frac{x^2}{2} + \frac{x^3}{3} \qquad \text{para} \quad |x| \ll 1. \qquad (1.29)$$

Calculando $\ln P_n(y)$ a partir da expressão 1.19, obtém-se

$$\ln P_n(y) = \ln \frac{1}{y!} + \ln n! - \ln(n-y)! + y \ln p + (n-y) \ln(1-p). \quad (1.30)$$

Utilizando as aproximações 1.28 e 1.29, obtém-se

$$\ln n! \cong n \ln n - n + \frac{1}{2} \ln n + \frac{1}{2} \ln 2\pi ,$$

$$\ln(n-y)! \cong n \ln n - n + \frac{1}{2} \ln n + \frac{1}{2} \ln 2\pi - y \ln n$$

e

$$(n-y) \ln(1-p) \cong -np .$$

Substituindo estas aproximações na expressão para $\ln P_n(y)$, obtém-se a distribuição de Poisson. Além da maior simplicidade para cálculos, a distribuição de Poisson 1.27 tem outras vantagens, discutidas a seguir.

O valor médio μ e o desvio padrão σ_p para a distribuição de Poisson são obtidos diretamente de 1.26 para $p \ll 1$ e $n \gg 1$:

$$\mu = np \qquad \text{e} \qquad \sigma_p \cong \sqrt{np} = \sqrt{\mu} . \qquad (1.31)$$

O Exemplo 5 mostra que a distribuição de Poisson 1.27 é uma aproximação aceitável para a distribuição binomial, mesmo para $n = 10$ e $p = 0,2$, caso em que as condições $n \gg 1$ e $p \ll 1$ são apenas razoavelmente satisfeitas. Se estas condições fossem muito bem satisfeitas, o acordo seria muito melhor.

1.5. DISTRIBUIÇÃO DE POISSON

Exemplo 5. Se um projétil é disparado contra um alvo com probabilidade p de acerto (ver Exemplo 3), as probabilidades de y acertos em n disparos são dadas pela distribuição binomial 1.19. No caso em que $n \gg 1$ e $p \ll 1$, a distribuição de Poisson 1.27 pode ser utilizada como aproximação. A Figura 1.3 mostra as distribuições para $n = 10$ e $p = 0,2$.

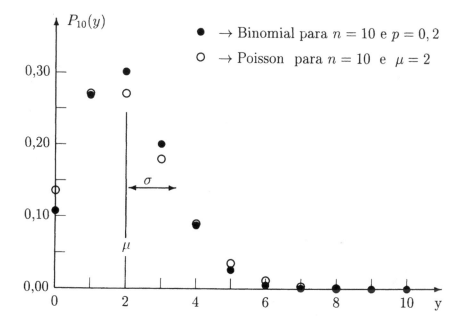

Figura 1.3. *Comparação entre as distribuições binomial e de Poisson.*

Embora a distribuição de Poisson seja uma aproximação para a distribuição binomial, ela apresenta grandes vantagens no caso $n \gg 1$ e $p \ll 1$. Uma das vantagens é que ela é bem mais simples de ser calculada, sendo uma aproximação muito boa. Uma outra vantagem é o fato que a distribuição de Poisson só depende do parâmetro μ (valor médio), enquanto que a binomial depende de 2 parâmetros (n e p).

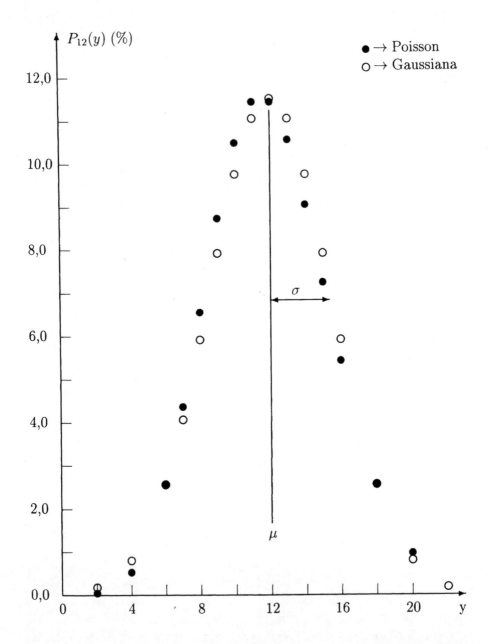

Figura 1.4. *Comparação entre a distribuição de Poisson 1.27 e a aproximação gaussiana 1.33 para $\mu = 12$. Como pode ser visto, mesmo para valor médio não muito alto, a aproximação gaussiana é razoável.*

1.5. DISTRIBUIÇÃO DE POISSON

Com frequência, ocorre que n e p não são conhecidos, enquanto que o valor médio $\bar{y} \cong \mu$ pode ser facilmente determinado. Finalmente, uma terceira vantagem é que a distribuição de Poisson se torna simétrica para grandes valores de μ. Isto é, se $\mu >> 1$, então $y >> 1$ para os valores de interesse e pode ser mostrado[9] que a distribuição de Poisson pode ser escrita aproximadamente como

$$P_\mu(y) \cong \frac{1}{\sqrt{2\pi\mu}} e^{-\frac{\delta^2}{2\mu}} \quad \text{onde} \quad \delta = (y - \mu) \quad \text{e} \quad \mu, y >> 1. \quad (1.32)$$

A Figura 1.4 mostra a distribuição de Poisson para $\mu = 12$ calculada pela Equação 1.27 e também pela aproximação 1.32. Conforme pode ser visto, a aproximação é bastante aceitável, mesmo para os valores menores de y e a distribuição é razoavelmente simétrica em relação ao valor médio μ. Para μ da ordem de algumas dezenas ou maior, a Equação 1.32 é uma boa aproximação e a distribuição de Poisson é bastante simétrica.

A distribuição de Poisson 1.32 pode ser escrita como

$$P_\mu(y) = \frac{1}{\sigma_p \sqrt{2\pi}} e^{-\frac{1}{2} \cdot (\frac{y-\mu}{\sigma_p})^2}, \quad (1.33)$$

onde

$$\sigma_p = \sqrt{\mu}.$$

A *distribuição gaussiana* de probabilidades é definida por

$$G(y) = \frac{1}{\sigma \sqrt{2\pi}} e^{-\frac{1}{2} \cdot (\frac{y-\mu}{\sigma})^2}, \quad (1.34)$$

onde σ pode assumir um valor qualquer que é independente de μ. Isto constitui uma generalização da distribuição de Poisson 1.33. A *função gaussiana de densidade de probabilidade* é uma generalização da distribuição 1.34, para a qual y é uma variável contínua.

---

[9] Os cálculos são sugeridos na Questão 2.

1.6 Aplicações da distribuição de Poisson

A distribuição de Poisson vale para o caso em que um grande número de processos idênticos $(n \gg 1)$ é observado[10], sendo que em cada processo existe uma probabilidade pequena e bem definida $p \ll 1$, de ocorrer um determinado fenômeno. Nestas condições o número y de ocorrências do fenômeno *segue* uma distribuição de Poisson. Isto é, a probabilidade $P(y)$ para y ocorrências do fenômeno é dada pela distribuição de Poisson.

O modelo básico acima descrito é aplicável a muitas situações práticas, nas quais ocorram *grandes populações* de sistemas idênticos. Como exemplos de tais sistemas podem ser mencionados átomos, núcleos atômicos, partículas elementares, insetos, bactérias, vírus, seres humanos, animais, insetos, produtos industriais, produtos agrícolas, construções e quaisquer coisas que sejam amostras de grandes populações. Se um determinado fenômeno tem uma probabilidade pequena de ocorrer, mas a população é grande, o número de ocorrências deve seguir uma distribuição de Poisson.

Um exemplo típico é o decaimento[11] de núcleos atômicos radioativos. Geralmente, uma amostra radioativa tem um número n muito grande de núcleos ativados que podem se desintegrar. Cada núcleo tem um probabilidade definida p de se desintegrar no intervalo de tempo Δt. O número médio de decaimentos neste tempo é $\mu = np$. Durante o tempo Δt, podem ser observados y decaimentos, sendo que as probabilidades para cada y são dadas pela distribuição de Poisson.

Se μ é o valor médio verdadeiro para o número de eventos, a probabilidade P_0 de obter um resultado y_0 no intervalo

$$\mu - \delta < y_0 < \mu + \delta \tag{1.35}$$

pode ser calculada diretamente da distribuição de Poisson 1.27, somando as probabilidades para cada resultado. Assim,

$$P_0 = \sum_{y > (\mu - \delta)}^{y < (\mu + \delta)} \frac{\mu^y}{y!} \, e^{-\mu} . \tag{1.36}$$

---

[10] Os n processos idênticos são admitidos como equivalentes a n repetições de um mesmo processo.

[11] Transmutação nuclear com emissão de radiação.

1.6. APLICAÇÕES DA DISTRIBUIÇÃO DE POISSON

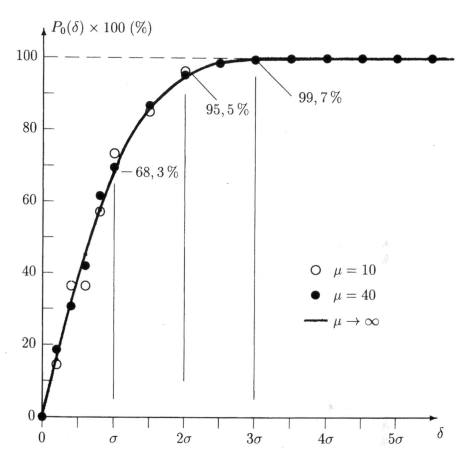

Figura 1.5. *Probabilidade $P_0(\delta)$ de que $|y_0 - \mu|$ seja menor que δ, para 2 valores diferentes de μ e também no limite $\mu \longrightarrow \infty$. Os valores indicados explicitamente são para este último caso.*

A Figura 1.5 mostra valores de P_0 em função de δ para $\mu = 10$, $\mu = 40$ e também para $\mu \longrightarrow \infty$. O desvio padrão é $\sigma = \sqrt{\mu}$.

O resultado y_0 de uma única observação pode ser entendido como uma *medida ou determinação experimental* do valor médio verdadeiro μ. Para $\mu \gg 1$ e $\delta = \sigma$, a inequação 1.35 equivale a

$$|\mu - y_0| = |y_0 - \mu| < \sigma \qquad (1.37)$$

e a probabilidade correspondente é $P_0 = 68,3\%$.

20   CAPÍTULO 1. PROBABILIDADES

A inequação 1.37 também pode ser escrita como

$$y_0 - \sigma < \mu < y_0 + \sigma \qquad \text{onde} \quad \sigma = \sqrt{\mu} \; . \qquad (1.38)$$

Em resumo, pode-se afirmar que esta inequação tem $68,3\%$ de probabilidade de ser correta.

O valor médio verdadeiro μ é desconhecido, mas para $\mu \gg 1$, o desvio padrão pode ser calculado aproximadamente como

$$\sigma = \sqrt{\mu} \cong \sqrt{y_0} \qquad (\text{para} \quad y_0 \ggg 1 \,) . \qquad (1.39)$$

Mais exatamente, pode ser mostrado[12] que, para $\mu \gg 1$, o intervalo definido por

$$\sqrt{y_0} - \frac{3}{2} \le \sigma \le \sqrt{y_0} + \frac{3}{2} \qquad (1.40)$$

tem aproximadamente $99,7\%$ de probabilidade de ser correto. Assim, o erro na aproximação 1.39 é desprezível, no caso $\sqrt{\mu} \cong \sqrt{y_0} \gg 1$.

Exemplo 6. Uma amostra de material radioativo contém n núcleos ativos. Cada núcleo tem uma probabilidade definida p_1 de emitir uma particula-α durante um intervalo de tempo de 1 minuto. As partículas-α são emitidas em direções ao acaso. Assim, se um detetor Geiger é colocado a uma determinada distância da amostra radioativa, cada partícula-α tem probabilidade p_2 de atingir o Geiger.

Como a emissão de partícula-α e deteção pelo Geiger são processos independentes, a probabilidade de que uma partícula-α seja emitida em 1 minuto e detetada pelo Geiger é o produto das probabilidades $(p = p_1\,p_2)$.

Se $n \gg 1$ e $p \ll 1$ a probabilidade de que em 1 minuto sejam detectadas y partículas-α deve ser dada pela distribuição de Poisson, definida pela Equação 1.27.

No caso em que o valor médio $\mu = np$ é um número muito grande, a distribuição gaussiana 1.33 pode ser usada como aproximação para a distribuição de Poisson 1.27.

---

[12]Os cálculos são indicados na Questão 3.

1.6. APLICAÇÕES DA DISTRIBUIÇÃO DE POISSON 21

Exemplo 7. A probabilidade de uma pessoa contrair uma doença X no período de 1 ano é 10^{-5} (uma chance em 100.000). Numa população de 17 milhões de habitantes, as probabilidades para o números de casos devem ser dadas pela distribuição de Poisson com valor médio $\mu = 170$ com desvio padrão $\sigma = \sqrt{171} \cong 13$. Uma questão importante é conhecer o número de casos que podem ocorrer no período de 1 ano, em condições normais.

Os resultados mostrados na Figura 1.5 permitem obter a probabilidade de que ocorram y casos, tais que

$$\mu - \delta < y < \mu + \delta \, .$$

Para $\delta = L_s = 3\sigma \cong 39$, pode-se afirmar com 99,7% de confiança que

$$131 < y < 209 \, .$$

Em outras palavras, esta afirmativa tem 99,7% de probabilidade de ser correta. Isto significa que existem aproximadamente 3 chances em 1000 de que o número de casos não esteja entre 131 e 209.

Exemplo 8. Numa experiência de detecção radioativa, foram contados $y_0 = 3576$ pulsos de radiação-γ num intervalo de tempo $\Delta t = 10\,s$. O desvio padrão pode ser calculado aproximadamente por

$$\sigma = \mu \cong \sqrt{y_0} \cong 60 \, .$$

Conforme 1.40, pode-se afirmar com 99,7% de confiança que o desvio padrão está no intervalo

$$\sqrt{y_0} - \frac{3}{2} < \sigma < \sqrt{y_0} - \frac{3}{2} \qquad \text{ou} \qquad 58 < \sigma < 61 \, .$$

Como pode ser visto, não é muito importante conhecer o valor médio verdadeiro μ para determinar razoavelmente bem o desvio padrão do resultado da medição. Conforme será mostrado nos próximos Capítulos, o resultado da medição pode ser escrito como

$$y_0 = (3576 \pm 60) \, contagens \qquad \text{ou} \qquad \frac{y_0}{\Delta t} = (358 \pm 6) \, contagens/s$$

Questões

1. Demonstrar a Equação 1.25 para a variância da distribuição binomial:

$$\sigma_b^2 = \sum_{y=0}^{n}(y - \mu)^2 P_n(y) = n\,p\,(1 - p)\,.$$

Sugestão: O primeiro termo correspondente à expansão de $(y - \mu)^2$ é

$$\sum_{y=0}^{n} y^2 P_n(y) = \sum_{y=0}^{n}(y - 1 + 1)\,y\,P_n(y) = \mu + \sum_{y=0}^{n}(y - 1)\,y\,P_n(y)\,,$$

onde o último termo pode ser calculado de maneira análoga ao caso das Equações 1.22, 1.23 e 1.24, pelas substituições $z = y - 2$ e $n = s + 2$.

2. Utilizando as aproximações 1.28 e 1.29, desprezando termos de ordem maior que $(1/\mu)^2$, mostrar que para $\mu \gg 1$, a distribuição de Poisson pode ser aproximada como

$$P_\mu(y) \cong \frac{1}{\sqrt{2\pi y}}\, e^{-\frac{\delta^2}{2\mu} + \frac{\delta^3}{6\mu^2}} \qquad \text{onde} \quad \delta = (y - \mu)$$

ou, como

$$P_\mu(y) \cong \frac{1}{\sqrt{2\pi\mu}}\, e^{-\frac{\delta^2}{2\mu} - \frac{\delta}{2\mu} + \frac{\delta^2}{4\mu^2} + \frac{\delta^3}{6\mu^2}}\,.$$

Demonstrar a Equação 1.32, desprezando termos de ordem $(1/\mu)^2$ no resultado acima e verificando que o termo $(\delta/2\mu)$ não é muito relevante:

$$P_\mu(y) \cong \frac{1}{\sqrt{2\pi\mu}}\, e^{-\frac{\delta^2}{2\mu} - \frac{\delta}{2\mu}} \cong \frac{1}{\sqrt{2\pi\mu}}\, e^{-\frac{\delta^2}{2\mu}}\,.$$

3. Utilizando a aproximação $\sqrt{1 + x} \cong 1 + x/2 + \cdots$, mostrar que o desvio padrão σ pode ser escrito como

$$\sigma = \sqrt{y_0} - \frac{\eta}{2\sqrt{y_0}} \qquad \text{onde} \quad \eta = \mu - y_0\,.$$

Demonstrar que, com confiança de aproximadamente $99{,}7\%$,

$$\sqrt{y_0} - \frac{3}{2} \le \sigma \le \sqrt{y_0} + \frac{3}{2}\,.$$

Capítulo 2

Probabilidades

Distribuições para variável contínua

Resumo
*Neste capítulo são apresentados os conceitos de distribuição de proba-
bilidades para variável contínua, função de densidade de probabilidade
e histograma. Alguns exemplos de importantes funções de densidade
de probabilidade são apresentados, tais como distribuições gaussiana,
lorentziana, retangular e triangular.*

2.1 Variável contínua

Frequentemente, ocorre que um processo aleatório y pode resultar em
um número muitíssimo grande de valores possíveis:

$$\underbrace{Y_1 \, , \; Y_2 \, , \; \cdots \, , \; Y_j \, , \; \cdots \, , \; Y_{M-1} \, , \; Y_M}_{\text{M valores possíveis}} \qquad M >>> 1 \, . \qquad (2.1)$$

A descrição das probabilidades $P(Y_j)$ ou das frequências $N(Y_j)$
ou das frequências relativas $F(Y_j)$ para cada valor Y_j se torna inconveniente ou mesmo inviável, devido ao grande número de quantidades.
Além disso, para determinar experimentalmente $N(Y_j)$ ou $F(Y_j)$ seria necessário repetir o processo N vezes, com $N >> M$ e isto
também pode ser completamente inviável.

24   *CAPÍTULO 2. PROBABILIDADES*

As dificuldades mencionadas podem ser praticamente resolvidas de maneira simples por meio de redefinição de evento[1], a partir de um intervalo com centro em y_i e comprimento Δy. Este intervalo pode ser representado por $\{\, y_i\,;\, \Delta y\,\}$. Por definição, *ocorre o evento* y_i se o resultado do processo é uma quantidade Y_j tal que

$$y_i - \frac{\Delta y}{2} \leq Y_j < y_i + \frac{\Delta y}{2}\,. \tag{2.2}$$

Os valores de y_i e Δy devem ser tais que qualquer valor possível Y_j está incluído em apenas um intervalo.

A condição de normalização, valor médio e desvio padrão são exatamente iguais ao caso de distribuições discretas mais simples, e são dados pelas Equações 1.8, 1.13 e 1.14.

A maior vantagem da definição acima é que ela se aplica igualmente bem a *variáveis contínuas e variáveis discretas*.

O caso de maior interesse neste texto, é aquele em que y resulta de um *processo de medição*, nos quais os valores possíveis Y_j *são discretos*. Em outras palavras, a grandeza física y pode ser contínua, mas os resultados Y_j de medidas de y constituem um conjunto discreto de valores. Isto se deve ao fato que os instrumentos de medição só podem fornecer leituras com um número definido de algarismos. Por exemplo, uma régua comum de $300\,mm$ só admite a leitura do número inteiro de milímetros com estimativa de décimo de milímetro. Portanto, só existem 3000 resultados possíveis para leitura nesta régua, mesmo que o comprimento a ser medido seja uma grandeza contínua.

Entendendo por evento, qualquer resultado no intervalo $\{y_i; \Delta y\}$, não importa muito se a variável é contínua ou discreta, desde que cada intervalo contenha um número muito grande de resultados possíveis. No que segue, será admitido que a variável y é uma *variável contínua*, mesmo quando é variável discreta que pode assumir um número muito grande de valores próximos entre si. Com frequência, este caso é o que ocorre medição de grandezas físicas, como mostrado no exemplo a seguir. Também podem ser aproximadas como *contínuas*, as *variáveis inteiras*, quando os valores inteiros possíveis são muitíssimo grandes.

---

[1] No Capítulo 1, cada resultado numérico possível é definido como um evento.

2.2. FUNÇÃO DENSIDADE DE PROBABILIDADE

Exemplo 1. A diferença de potencial elétrico nos terminais de uma pilha comum pode ter *qualquer* valor entre 0 e 1,7 Volts (aproximadamente), dependendo do estado de uso, temperatura e outros fatores. Se a tensão na pilha é medida com um multímetro digital de "4 e 1/2 dígitos", podem resultar as seguintes leituras em Volts:

$$\underbrace{0,0000 \; ; \quad 0,0001 \; ; \quad 0,0002 \; ; \; \cdots \; ; \quad 1,6998 \; ; \quad 1,6999 \; ; \quad 1,7000 \; ; \; \cdots}_{\cong 17\,000 \text{ valores possíveis}} \; .$$

Como pode ser visto, a grandeza física y (tensão da pilha) pode ser contínua, mas o resultado da medida será um dos 17 000 valores possíveis. Isto é, os resultados do processo de medição constituem um conjunto discreto.

Para descrever resultados de muitas medidas ($N >> 1$), pode ser conveniente entender a variável como contínua, definindo evento a partir de intervalos. Por exemplo, para elaborar o histograma dos resultados para um certo número de pilhas, devem ser definidos intervalos convenientes, como é discutido na Seção 2.5, a seguir.

2.2 Função densidade de probabilidade

Para variável contínua, cada evento pode ser definido a partir de um intervalo $\{\, y_i \,;\, \Delta y \,\}$, com centro em y_i e largura Δy. Assim, pode-se admitir como aproximação que y pode ter m valores possíveis:

$$\underbrace{y_1 \,, \quad y_2 \,, \quad y_3 \; \cdots \,, y_i \,, \; \cdots \,, \quad y_{m-1} \,, \quad y_m}_{m \text{ eventos possíveis}} \; . \tag{2.3}$$

Cada evento y_i pode ocorrer com uma probabilidade $P(y_i) \equiv \Delta P_i$. Se Δy é pequeno, as probabilidades dos diferentes resultados Y_j no intervalo devem ser aproximadamente iguais ($\cong p$). Assim, a probabilidade ΔP_i deve ser aproximadamente pM_i, onde M_i é o número de resultados possíveis no intervalo.

26   CAPÍTULO 2. PROBABILIDADES

Por outro lado, em situações usuais, o número M_i de eventos possíveis num intervalo deve ser proporcional ao comprimento Δy, desde que este intervalo seja *muito pequeno*. Isto é, a variação Δy na variável y deve ser *muito pequena,* mas suficientemente grande para conter um número grande de resultados possíveis. Nestas condições, a probabilidade ΔP_i deve ser proporcional a Δy e a quantidade

$$H(y_i) = \frac{\Delta P_i}{\Delta y} \qquad (\text{para } \Delta y \text{ pequeno}) \qquad (2.4)$$

deve ser independente de Δy, e assim, deve depender somente de y_i. Em resumo, a quantidade $H(y_i)$ pode ser entendida como uma *função* de y_i somente, sendo independente do intervalo Δy.

A função $H(y_i)$ é chamada *função densidade de probabilidade* ou simplesmente, *função de probabilidade*. Se $H(y_i)$ é conhecida, a probabilidade de ocorrer um resultado no intervalo pequeno $\{\, y_i \,;\, \Delta y \,\}$ é

$$P(y_i) \equiv \Delta P_i \cong H(y_i)\,\Delta y \,. \qquad (2.5)$$

Quando é possível considerar o limite $\Delta y \to 0$, Δy e ΔP_i são infinitesimais e podem ser indicados por dy e dP, respectivamente. Neste caso, o índice i pode ser omitido, significando que $H(y_i)$ pode ser calculada para qualquer valor de y e a Equação 2.5 pode ser escrita como

$$dP = H(y)\,dy \qquad (2.6)$$

ou

$$H(y) = \frac{dP}{dy} \,. \qquad (2.7)$$

Em N repetições de um processo real, a aproximação experimental para a probabilidade $\Delta P_i \equiv P(y_i)$ é a frequência relativa $F(y_i)$. Assim,

$$H_e(y_i) = \frac{F(y_i)}{\Delta y} \qquad (2.8)$$

é uma *aproximação experimental* para a função densidade de probabilidade, em cada ponto y_i.

Um exemplo importante de função densidade de probabilidade é a função *gaussiana,* discutida na Seção 2.4.

2.3 Valor médio e desvio padrão

A probabilidade $P(a,b)$ de obter um resultado y no intervalo

$$a < y < b$$

é obtida como a soma das probabilidades 2.5 para todos os valores de y_i neste intervalo . Isto é,

$$P(a,b) = \sum_{\substack{y_i > a}}^{\substack{y_i < b}} P(y_i) = \sum_{\substack{y_i > a}}^{\substack{y_i < b}} H(y_i)\,\Delta y \ . \tag{2.9}$$

No limite $\Delta y \to 0$, a soma acima é a integral de $H(y)$ entre a e b,

$$P(a,b) = \int_a^b H(y)\,dy \ . \tag{2.10}$$

A *condição de normalização* 1.8 pode ser escrita como

$$P(-\infty, +\infty) = \int_{-\infty}^{+\infty} H(y)\,dy = 1 \ . \tag{2.11}$$

O valor médio verdadeiro μ de uma distribuição é dado pela Equação 1.13, que neste caso pode ser escrita como

$$\mu \cong \sum_{i=1}^{m} y_i\,\Delta P_i \cong \sum_{i=1}^{m} y_i\,H(y_i)\,\Delta y \ . \tag{2.12}$$

No limite $\Delta y \to 0$, esta equação pode ser escrita como

$$\mu = \int_{-\infty}^{+\infty} y\,H(y)\,dy \ . \tag{2.13}$$

De maneira análoga, pode ser mostrado que a variância σ^2, dada pela expressão 1.14, pode ser escrita como

$$\sigma^2 = \int_{-\infty}^{+\infty} (y-\mu)^2\,H(y)\,dy \ . \tag{2.14}$$

O desvio padrão é a raiz quadrada positiva da variância $(\sigma = +\sqrt{\sigma^2})$

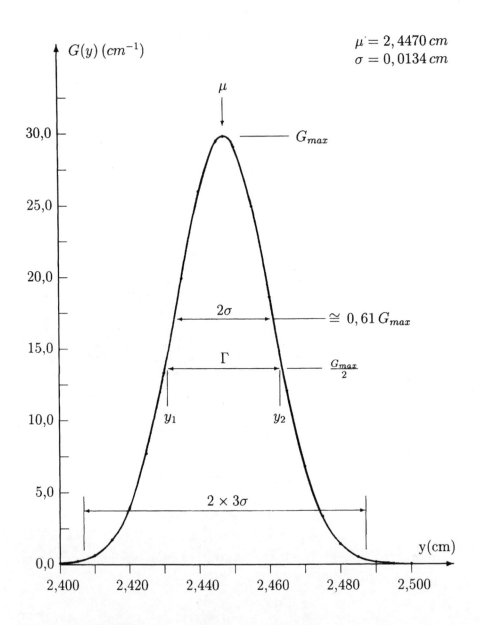

Figura 2.1. *Exemplo de distribuição gaussiana.*

2.4 Função de Laplace-Gauss

A função *gaussiana* de densidade de probabilidades é definida por

$$G(y) \;=\; \frac{1}{\sigma\sqrt{2\pi}}\, e^{-\frac{1}{2}\left(\frac{y-\mu}{\sigma}\right)^2} \,, \qquad (2.15)$$

onde μ e σ são duas constantes (parâmetros) e y é uma variável contínua. Conforme será demonstrado na sequência, μ é o valor médio e σ é o desvio padrão.

A função gaussiana de densidade de probabilidade também é chamada *função de Laplace-Gauss* ou ainda, função *normal de erros*.

O gráfico da função gaussiana é uma curva em forma de "sino", como mostra o exemplo na Figura 2.1. A altura máxima G_{max} ocorre quando $y = \mu$, e assim

$$G_{max} \;=\; G(\,y = \mu\,) \;=\; \frac{1}{\sigma\sqrt{2\pi}}\,.$$

A "largura a meia altura" Γ é definida como a largura do "sino" na metade da altura máxima. A Equação 2.15 pode ser resolvida para obter os pontos y_1 e y_2, para os quais $G(y) = G_{max}/2$, resultando

$$y_1 = \mu - \sigma\sqrt{2\ln 2} \qquad \text{e} \qquad y_2 = \mu + \sigma\sqrt{2\ln 2}\,.$$

A largura Γ é dada por

$$\Gamma = y_2 - y_1 \;=\; 2\sqrt{2\ln 2}\;\sigma \;=\; 2,3548\,\sigma\,. \qquad (2.16)$$

Pode ser mostrado de 2.15 que, quando a "largura total é 2σ", a altura da curva é $0,6065\,G_{max}$.

Um outro aspecto de interesse é que, teoricamente, a curva gaussiana se estende de $-\infty$ a $+\infty$. Entretanto, esta curva vai praticamente a zero quando $y < \mu - 3\,\sigma$ ou $y > \mu + 3\,\sigma$. Assim, na prática, pode-se dizer que a largura total da gaussiana é aproximadamente $6\,\sigma$.

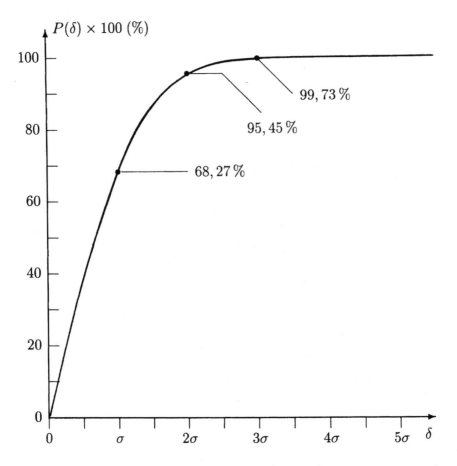

Figura 2.2. Probabilidade $P(\delta)$ de que $|y - \mu|$ seja menor que δ.

A probabilidade $P(\delta)$ de obter um resultado y tal que

$$(\mu - \delta) < y < (\mu + \delta) \qquad (2.17)$$

é dada pela expressão 2.10, para $a = (\mu - \delta)$ e $b = (\mu + \delta)$:

$$P(\delta) = \int_{\mu-\delta}^{\mu+\delta} G(y)\, dy = \frac{1}{\sigma\sqrt{2\pi}} \int_{\mu-\delta}^{\mu+\delta} e^{-\frac{1}{2}\left(\frac{y-\mu}{\sigma}\right)^2}\, dy \,. \qquad (2.18)$$

2.4. FUNÇÃO DE LAPLACE-GAUSS

A integral 2.18 pode ser escrita de forma mais simples com as substituições:

$$z = \frac{y - \mu}{\sigma} \quad e \quad dz = \frac{y}{\sigma} . \tag{2.19}$$

Assim, a expressão 2.18 pode ser escrita

$$P(\delta) = \frac{1}{\sqrt{2\pi}} \int_{-\frac{\delta}{\sigma}}^{+\frac{\delta}{\sigma}} e^{-\frac{1}{2}z^2} dz . \tag{2.20}$$

Esta integral não tem solução analítica e deve ser resolvida numericamente[2]. A Figura 2.2 mostra valores calculados para $P(\delta)$.

A probabilidade de ocorrer $|y - \mu| \leq \sigma$ é $68,27\%$, enquanto que para $|y - \mu| \leq 3\sigma$, a probabilidade é $99,73\%$.

Pode ser mostrado analiticamente que:

$$P(\delta \to \infty) = \frac{1}{\sqrt{2\pi}} \int_{-\infty}^{+\infty} e^{-\frac{1}{2}z^2} dz = 1 . \tag{2.21}$$

As quantidades μ e σ aparecem na definição 2.15 para a função gaussiana como duas constantes. Por isso, é necessário demonstrar que estas constantes são valor médio verdadeiro e desvio padrão, respectivamente.

O valor médio verdadeiro pode ser calculado diretamente por meio da definição 2.13. Indicando o valor médio verdadeiro por y_{mv},

$$y_{mv} = \int_{-\infty}^{+\infty} y\, G(y)\, dy$$

ou

$$y_{mv} = \frac{1}{\sigma\sqrt{2\pi}} \int_{-\infty}^{+\infty} y\, e^{-\frac{1}{2}\left(\frac{y-\mu}{\sigma}\right)^2} dy . \tag{2.22}$$

Efetuando a substituição 2.19, obtém-se

$$\begin{aligned}
y_{mv} &= \frac{1}{\sqrt{2\pi}} \int_{-\infty}^{+\infty} (\mu + \sigma z)\, e^{-\frac{1}{2}z^2} dz \\
&= \frac{\mu}{\sqrt{2\pi}} \int_{-\infty}^{+\infty} e^{-\frac{1}{2}z^2} dz + \frac{\sigma}{\sqrt{2\pi}} \int_{-\infty}^{+\infty} e^{-\frac{1}{2}z^2} z\, dz .
\end{aligned}$$

---

[2] Os "handbooks" de funções matemáticas apresentam tabelas para esta integral.

32   CAPíTULO 2. PROBABILIDADES

A segunda integral se anula. Isto pode ser mostrado resolvendo diretamente a integral, pela substituição $z^2 = u$, ou simplesmente, considerando que o integrando é uma função impar e os limites de integração são simétricos em relação à origem. Conforme a condição de normalização 2.21, a primeira integral é $\sqrt{2\pi}$, e assim, resulta

$$y_{mv} = \mu . \tag{2.23}$$

A variância pode ser calculada diretamente da definição 2.14 :

$$\int_{-\infty}^{+\infty} (y - \mu)^2 \, G(y) \, dy \;=\; \frac{1}{\sigma \sqrt{2\pi}} \int_{-\infty}^{+\infty} (y - \mu)^2 \, e^{-\frac{1}{2}(\frac{y-\mu}{\sigma})^2} \, dy .$$

Efetuando a substituição 2.19, obtém-se

$$\int_{-\infty}^{+\infty} (y - \mu)^2 \, G(y) \, dy \;=\; \frac{\sigma^2}{\sqrt{2\pi}} \int_{-\infty}^{+\infty} z^2 \, e^{-\frac{1}{2}z^2} \, dz .$$

Usando as substituições $u = z$, $v = \frac{1}{2} e^{-z^2}$ e $dv = - z \frac{1}{2} e^{-z^2} dz$, a integral pode ser feita por partes ($\int u \, dv = u \, v - \int v \, du$). Assim, resulta

$$\frac{\sigma^2}{\sqrt{2\pi}} \left[-\frac{z}{2} e^{-\frac{1}{2}z^2} \Big|_{-\infty}^{+\infty} - \left(\frac{-1}{2} \right) \int_{-\infty}^{+\infty} e^{-\frac{1}{2}z^2} \, dz \right] .$$

Assim, a variância é

$$\frac{2\sigma^2}{\sqrt{2\pi}} \left[0 + \frac{\sqrt{2\pi}}{2} \right] = \sigma^2 .$$

Assim, fica demonstrado que, na expressão 2.15, os parâmetros μ e σ são respectivamente o valor médio e o desvio padrão. Outros exemplos de cálculo de valor médio e desvio padrão são apresentados no Exemplo 2 (distribuição triangular e retangular) e no Exemplo 3 (distribuição lorentziana).

2.4. FUNÇÃO DE LAPLACE-GAUSS

Exemplo 2. A Figura 2.3 mostra distribuições gaussiana, triangular e retangular, de mesmo valor médio μ e mesmo desvio padrão σ. A altura máxima e a largura da base das distribuições são dadas abaixo. Os cálculos são indicados nas Questões 1 e 2. No caso da distribuição gaussiana, a base não é uma quantidade muito bem definida.

Distribuição	Altura	Base
gaussiana	$(\sigma\sqrt{2\pi})^{-1}$	$\approx 6\,\sigma$
triangular	$(\sigma\sqrt{6})^{-1}$	$2\sqrt{6}\,\sigma \cong 4,9\,\sigma$
retangular	$(\sigma\sqrt{12})^{-1}$	$\sqrt{12}\,\sigma \cong 3,5\,\sigma$

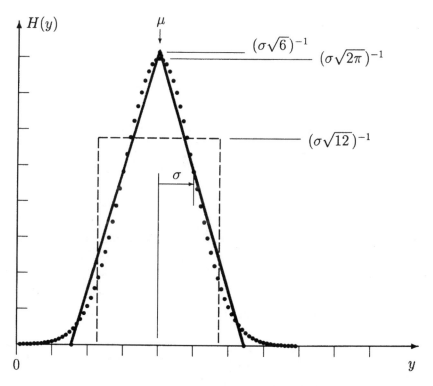

Figura 2.3. *Comparação entre as distribuições gaussiana, triangular e retangular, para valor médio (μ) e desvio padrão (σ) iguais.*

34   CAPÍTULO 2. PROBABILIDADES

Exemplo 3. *Distribuição lorentziana.*
Um outro exemplo de distribuição de probabilidades é a *distribuição lorentziana*, também chamada *distribuição de Cauchy*. A densidade de probabilidade para esta distribuição é

$$H(y) \;=\; \frac{1}{\pi}\; \frac{a}{a^2 + (y - \mu)^2}\;.$$

O valor médio da distribuição é μ, uma vez que a função é simétrica em relação a μ. Isto também pode ser mostrado diretamente da definição 2.13 para o valor médio.

A condição de normalização 2.11 pode ser demonstrada como segue.

$$\int_{-\infty}^{+\infty} H(y)\,dy \;=\; \frac{1}{\pi} \int_{-\infty}^{+\infty} \frac{a}{a^2 + (y - \mu)^2}\,dy \;=\; \frac{1}{\pi} \int_{-\infty}^{+\infty} \frac{dz}{1 + z^2}\;,$$

onde $z = \frac{(y-\mu)}{a}$. Substituindo $z = tg\,\theta$ $(dz = sec^2\theta d\theta,\ 1 + z^2 = sec^2\theta)$,

$$\frac{1}{\pi} \int_{-\infty}^{+\infty} \frac{dz}{1 + z^2} \;=\; \frac{1}{\pi} \int_{-\frac{\pi}{2}}^{+\frac{\pi}{2}} d\theta \;=\; 1\;.$$

Entretanto, a *variância* σ^2 não é finita. Conforme a definição 2.14:

$$\sigma^2 \;=\; \frac{1}{\pi} \int_{-\infty}^{+\infty} (y - \mu)^2\, \frac{a}{a^2 + (y - \mu)^2}\,dy$$

$$=\; \frac{1}{\pi} \int_{-\infty}^{+\infty} \frac{z^2}{1 + z^2}\,dz \;\Longrightarrow\; \infty\;.$$

Para ver que a integral acima diverge, basta observar que para $z \to \infty$, o integrando $z^2/(1 + z^2)$ tende a 1. Mas a divergência da integral pode também ser verificada diretamente pela substituição $z = tg\,\theta$. A *largura a meia altura* (Γ) pode ser calculada obtendo-se os valores y_1 e y_2 correspondentes à metade da altura máxima ($H_{max} = 1/\pi a$):

$$\frac{1}{\pi}\, \frac{a}{a^2 + (y - \mu)^2} \;=\; \frac{H_{max}}{2} \;=\; \frac{1}{2\pi a}\;.$$

Resolvendo a equação, obtém-se

$$y_1 \;=\; \mu - a \qquad \text{e} \qquad y_2 \;=\; \mu + a\;.$$

2.4. FUNÇÃO DE LAPLACE-GAUSS

Assim, a "largura a meia altura" é dada por

$$\Gamma = y_2 - y_1 = 2a.$$

A Figura 2.4 mostra uma comparação entre uma distribuição lorentziana e uma distribuição gaussiana de mesma largura Γ. Como pode ser observado, a distribuição lorentziana cai a zero muito lentamente.

A função lorentziana é importante na análise espectral da radiação eletromagnética. Frequentemente ocorre que a forma da linha espectral de emissão ou de absorção é bem descrita por uma lorentziana, tanto na região ótica, quanto para radiações nucleares.

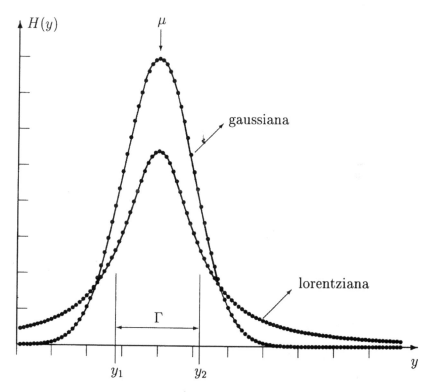

Figura 2.4. *Comparação entre distribuições gaussiana e lorentziana de mesma largura (Γ). Ambas as distribuições são normalizadas.*

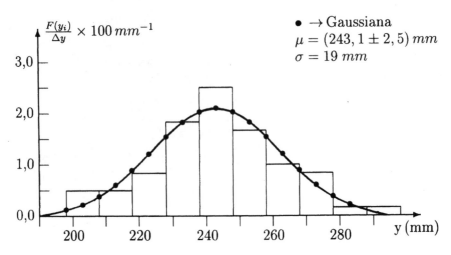

Figura 2.5. *Histograma para dados da Tabela 2.1, com* $\Delta y = 10\,mm$.

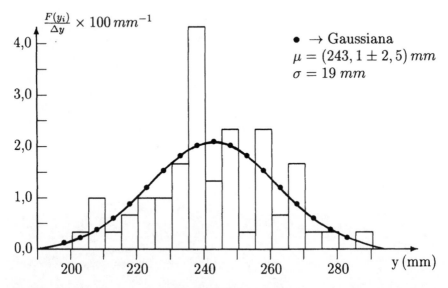

Figura 2.6. *Histograma correspondente aos dados da Tabela 2.1. Neste caso, a escolha do intervalo* $\Delta y = 5\,mm$ *é um pouco inadequada e resulta um histograma bastante "quebrado".*

2.5 Histograma

O histograma é um tipo de gráfico que permite representar as quantidades $N(y_i)$, $F(y_i)$ ou $H(y_i)$ para os resultados obtidos em N repetições de um processo. Estas quantidades dependem diretamente da largura Δy do intervalo utilizado na definição do evento. Por isto, o histograma é um pouco diferente de um gráfico usual, e os valores de $N(y_i)$, $F(y_i)$ ou $H(y_i)$ para cada y_i não são representados por pontos, mas por *barras paralelas ao eixo-y*, de comprimento Δy, centradas em y_i, como mostrado nas Figuras 2.5 e 2.6.

Na elaboração de um histograma deveriam ser observadas algumas regras discutidas a seguir.

Conforme a Equação 2.8, a quantidade

$$H_e(y_i) = \frac{F(y_i)}{\Delta y} = \frac{N(y_i)}{N \, \Delta y} \tag{2.24}$$

é uma aproximação experimental para a função de densidade de probabilidade. Por isso, na elaboração de um histograma a quantidade $H_e(y_i)$ *é a mais conveniente de ser utilizada*, porque ela pode ser comparada diretamente com a função de densidade de probabilidade $H(y)$ correspondente ao processo aleatório.

Um outro problema envolvido na elaboração de um histograma é a escolha do intervalo Δy. Evidentemente, Δy deve ser escolhido o menor possível. Entretanto, diminuindo Δy, diminui também a frequência $N(y_i)$. Para cada y_i fixado, existe uma probabilidade definida P_i de que ocorra um resultado y no intervalo $\{\, y_i\,;\, \Delta y \,\}$. Se o número de repetições do processo é muito grande ($N >> 1$) e se P_i é uma probabilidade pequena ($P_i << 1$), então a frequência $N(y_i)$, para cada y_i fixado, deve seguir uma distribuição de Poisson[3].

Quando $N(y_i)$ é da ordem de grandeza de 10 ou menor, existe uma grande incerteza no valor verdadeiro $N_v(y_i)$ correspondente.

Assim, o intervalo Δy deveria ser escolhido de forma que $N(y_i)$ seja no mínimo igual a 10 para os intervalos próximos do valor médio.

---

[3]Ver Seção 1.5 e Figura 1.4 do Capítulo 1.

38   CAPíTULO 2. PROBABILIDADES

Um outro detalhe a ser observado na elaboração de um histograma é a escolha dos valores y_i , que devem ser os centros dos intervalos. A escolha mais conveniente é considerar intervalos de tal forma que o centro do intervalo central seja coincidente com o valor médio obtido para os resultados. Em resumo, um dos valores y_i deve ser o valor médio dos resultados.

Em geral, a função de distribuição de probabilidade é simétrica, pelos menos aproximadamente. Se o intervalo central coincide com o valor médio, o valor experimental $H_e(y_i)$ para cada intervalo corresponde ao valor calculado $H(y_i)$ para a função de probabilidade.

Exemplo 4. A distância focal y de uma lente convergente foi determinada a partir das posições de um objeto luminoso e da imagem correspondente, formada pela lente. A medição é repetida 60 vezes para diferentes posições do objeto.

Devido a erros de medição, resulta uma grande flutuação estatística nos valores calculados para y. Os 60 resultados Yj são mostrados na Tabela 2.1.

Tabela 2.1. *Valores obtidos para y em mm.*

204	206	208	210	211	218	219	222	222	223
227	229	230	232	235	235	235	235	237	237
237	237	238	238	239	239	239	239	239	240
240	241	243	244	244	246	246	248	248	249
250	250	253	256	257	257	257	259	259	260
262	265	267	268	269	269	269	273	285	289

2.5. HISTOGRAMA

O valor médio é calculado pela expressão 1.9, sendo $N = 60$:

$$\overline{y} = \frac{1}{N} \sum_{j=1}^{N} Y_j = 243,05 \, mm \ .$$

O desvio padrão σ da *distribuição de medidas* pode ser estimado por meio da expressão[4]

$$\sigma \cong \sqrt{\frac{\sum_{j=1}^{N}(Y_j - \overline{y})^2}{(N-1)}} = 19 \, mm \ .$$

Os resultados das medições são resumidos no histograma da Figura 2.5. As quantidades $H_e(y_i)$ foram obtidas pela expressão 2.24 :

$$H_e(y_i) = \frac{N(y_i)}{N \, \Delta y} \ ,$$

onde $N(y_i)$ é a frequência de cada y_i, que é o número de resultados Y_j no intervalo correspondente.

A quantidade $H_e(y)$ se compara diretamente com a função de densidade de probabilidade $H(y)$. Admitindo que esta função é gaussiana, a expressão exata 2.15 pode ser aproximada por

$$G(y) \cong \frac{1}{\sigma \sqrt{2\pi}} \, e^{-\frac{1}{2}\left(\frac{y_i - \overline{y}}{\sigma}\right)^2} \ ,$$

onde $\overline{y}$ e σ são os valores calculados acima. Evidentemente, trata-se de uma aproximação de 2.15, pois o valor médio verdadeiro μ e o desvio padrão verdadeiro não são conhecidos.

O histograma de Figura 2.6 corresponde a uma escolha um pouco inadequada do comprimento do intervalo ($\Delta y = 5\,mm$), resultando em grande flutuação das frequências $N(y_i)$ e assim, nos valores de $H_e(y_i)$. O histograma resultante é bastante quebrado, mas ainda aceitável. Mas, se Δy fosse escolhido menor ainda, o histograma se tornaria incompreensível.

No histograma da Figura 2.5, os números de eventos nos 3 intervalos centrais são respectivamente 13, 15 e 8.

---

[4]Esta expressão é deduzida no Capítulo 7.

Questões

1. Uma distribuição de probabilidades triangular pode-se ser definida por uma função de densidade de probabilidade $H(y)$ dada por

$$H(y) = 0 \qquad \text{para} \quad |(y - \mu)| \geq a$$

$$H(y) = H_0 + \frac{1}{a^2}(y - \mu) \qquad \text{para} \quad -a \geq (y - \mu) \geq 0$$

$$H(y) = H_0 - \frac{1}{a^2}(y - \mu) \qquad \text{para} \quad 0 \geq (y - \mu) \geq +a \,.$$

O gráfico desta função é o triângulo mostrado na Figura 2.3.

- Mostrar que o valor médio verdadeiro é μ.
- Usando a condição de normalização 2.11, mostrar que $H_0 = 1/a$.

- Mostrar que $\sigma^2 = \int_{-\infty}^{+\infty}(y - \mu)\,H(y)\,dy = a^2/6$.

- Mostrar que a base e a altura da distribuição são dadas por

$$2a = 2\sqrt{6}\,\sigma \qquad \text{e} \qquad H_0 = (\sigma\sqrt{6})^{-1}\,.$$

2. Uma distribuição de probabilidades retangular pode ser definida por uma função de densidade de probabilidade $H(y)$ dada por

$$H(y) = 0 \qquad \text{para} \quad |(y - \mu)| \geq a$$

$$H(y) = H_0 \ (\text{constante}) \qquad \text{para} \quad -a \geq (y - \mu) \geq +a\,.$$

O gráfico da função é o retângulo mostrado na Figura 2.3.

- Mostrar que o valor médio verdadeiro é μ.
- Usando a condição de normalização 2.11, mostrar que $H_0 = 1/(2a)$.

- Mostrar que $\sigma^2 = \int_{-\infty}^{+\infty}(y - \mu)\,H(y)\,dy = a^2/3$.

- Mostrar que a base e a altura da distribuição são dados por

$$2a = 2\sqrt{3}\,\sigma \qquad \text{e} \qquad H_0 = (\sigma\sqrt{12})^{-1}\,.$$

Capítulo 3

Distribuição gaussiana

Resumo
Neste capítulo são discutidos alguns conceitos básicos da teoria de erros, tais como valor verdadeiro de um mensurando, erro, distribuições de erros e, em particular, a distribuição gaussiana para erros.

3.1 Valor verdadeiro do mensurando

O *mensurando*[1] é a grandeza a ser determinada num processo de medição. Como regra geral, *valor verdadeiro do mensurando é uma quantidade sempre desconhecida,* Isto é, mesmo após a medição, o valor verdadeiro do mensurando só pode ser conhecido aproximadamente, devido a *erros de medição.*

Em certos casos, o valor verdadeiro do mensurando é conhecido. Por exemplo, pode-se realizar a medição de um *padrão primário* ou de uma grandeza exata[2], com objetivo de fazer a *aferição de um equipamento de medição.* Numa eventual medição deste tipo, o mensurando tem valor verdadeiro conhecido. Uma situação mais comum é a medição de uma grandeza, cujo valor verdadeiro já é conhecido com boa aproximação, muito melhor que a possibilitada pelo processo de medição em questão.

---

[1]Os termos técnicos de metrologia constam do VIM, sigla resumida do "Vocabulário Internacional de termos fundamentais e gerais de Metrologia" (Referências 1 e 2). Palavras escolhidas do VIM são dadas no Apêndice B.

[2]Por exemplo, a velocidade da luz no vácuo, discutida no Exemplo 1, a seguir.

42 CAPÍTULO 3. DISTRIBUIÇÃO GAUSSIANA

Este tipo de medição é usual para *aferição de equipamentos* ou em *experiências didáticas*. Nestes casos, o valor verdadeiro do mensurando pode ser considerado como aproximadamente conhecido. Entretanto, no formalismo da teoria de erros, o valor verdadeiro do mensurando entra como uma quantidade desconhecida.

A palavra "mensurando" é aplicável a qualquer ramo da ciência e tecnologia. Neste texto, é implicitamente admitido que o mensurando é uma *grandeza física experimental,* entendida como qualquer grandeza, física, cujo valor só pode ser conhecido a partir de medição.

Do ponto da vista da teoria de erros, pode ser admitido que *existe um valor verdadeiro bem definido para toda grandeza física experimental.* Esta questão é mais complicada do que parece à primeira vista. Ocorre que uma grandeza física é sempre definida por meio de um *modelo* para o fenômeno em consideração. Uma vez que um modelo consistente tenha sido claramente formulado, pode-se admitir que a grandeza física definida pelo modelo tem um *valor verdadeiro* bem definido. Entretanto, a questão de validade ou adequação do modelo adotado é um problema mais complicado, que não se restringe apenas ao âmbito da teoria de erros. Por outro lado, a teoria de erros pode ser de grande ajuda na comparação entre diferentes modelos.

O valor verdadeiro de uma grandeza física experimental é, evidentemente, o objetivo final de um processo de medição. Por isso, às vezes, é também chamado de *valor alvo*[3].

Exemplo 1. *Velocidade da luz no vácuo.*

Conforme a definição dada pela 17ª Conferência Geral de Pesos e Medidas de 1983, o *metro* é a distância percorrida pela luz no vácuo num intervalo de tempo igual a $1/299792458$ de *segundo*. Os valores das várias constantes físicas fundamentais, resultantes de definição ou de processos de medição, são apresentados na Referência 2.

Assim, resulta da definição do metro que a velocidade da luz no vácuo é exatamente

$$c = 299\,792\,458\,m/s.$$

---

[3]Por exemplo, na Referência 1.

3.1. VALOR VERDADEIRO DO MENSURANDO 43

A velocidade da luz pode ser entendida como um "mensurando" *em uma experiência didática* ou para *aferição de um equipamento ou processo de medição*. Numa "medição" deste tipo, o mensurando tem valor verdadeiro conhecido.

Também deve ser observado que *c não é grandeza física experimental*, no sentido da definição para grandeza experimental.

Exemplo 2. *Medida do tamanho de uma bolinha de vidro.*

O problema parece bastante simples à primeira vista, bastando medir o *diâmetro* da bolinha com um *paquímetro* ou com um *micrômetro*. Entretanto, algumas medidas mostrarão que uma bolinha de vidro comum é ovalizada e apresenta outras irregularidades na superfície.

Um *modelo* simples e óbvio para a bolinha é considerá-la uma *esfera perfeita* cujo diâmetro D é a *média* dos diâmetros da bolinha em diferentes direções. Uma vez que este modelo tenha sido adotado, pode-se dizer que o diâmetro D tem um valor verdadeiro bem definido. Este modelo "intuitivo" é satisfatório para a grande maioria dos objetivos.

Entretanto, se o objetivo da medida é obter a *área* da bolinha, então o melhor procedimento é definir como diâmetro D *a raiz quadrada da média dos quadrados dos diâmetros* nas diferentes direções. De maneira análoga, se o objetivo é obter a *volume* da bolinha, o melhor procedimento é definir como diâmetro D *a raiz cúbica da média dos cubos dos diâmetros*. Mas, estes procedimentos dificilmente são necessários na prática, exceto se a bolinha apresentar irregularidades ou deformações muito grandes.

Um outro modelo consiste em descrever a bolinha de vidro como um *elipsóide*. Neste caso, o tamanho da bolinha seria dado pelos 3 semi-eixos do elipsóide. Este modelo seria capaz de descrever melhor a "ovalização" da bolinha. Entretanto, este modelo é bem mais complicado e dificilmente haveria necessidade de utilizá-lo.

Este exemplo mostra que diferentes modelos podem ser formulados. Qual deles é o mais adequado é uma questão que não tem resposta imediata, pois depende dos objetivos da medida.

44 CAPÍTULO 3. DISTRIBUIÇÃO GAUSSIANA

O exemplo também mostra claramente a necessidade de formular um modelo para o fenômeno físico que defina perfeitamente a grandeza física, mesmo em casos muito simples. No caso da bolinha de vidro, "diâmetro" é uma palavra sem significado, se não existir um modelo definindo o que é diâmetro.

Se o problema fosse medir o tamanho de um *átomo* ou de um *núcleo atômico*, a necessidade de formular um modelo seria mais evidente.

3.2 Definição de erro

Se y_v é o valor verdadeiro de um mensurando e y é o resultado de uma medição, o *erro* em y é definido por

$$\eta = y - y_v . \tag{3.1}$$

Em geral, o valor verdadeiro y_v é desconhecido e resulta que o erro η também é uma quantidade *desconhecida*. No formalismo da teoria dos erros, o erro η é considerado uma quantidade desconhecida, que só pode ser determinada em termos de probabilidades.

Por *distribuição de erros*, entende-se a distribuição de probabilidades para os valores do erro η, em um particular processo de medida de uma grandeza. Assim, a distribuição de erros é caracterizada por uma *função densidade de probabilidade* $H(\eta) = H(y - y_v)$.

Geralmente, o erro η em um valor experimental y tem diversas causas[4]. Isto significa que o erro total η pode ser escrito como uma soma de q *erros elementares* η_1, η_2, $\cdots$, η_q:

$$\eta = \eta_1 + \eta_2 + \cdots + \eta_q . \tag{3.2}$$

Estes erros elementares η_i podem ter diferentes distribuições de probabilidades, tais como retangular, triangular, gaussiana e outras. Entretanto, quando o erro total η resulta de uma superposição de vários erros elementares independentes, a distribuição de probabilidades para η *tende a se tornar gaussiana,* como mostrado na Seção 3.4.

---

[4]Os diversos tipos de erros são discutidos no Capítulo 6.

3.3. DISTRIBUIÇÃO DE LAPLACE-GAUSS

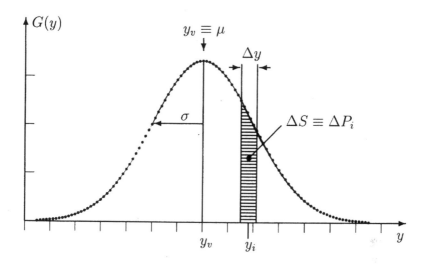

Figura 3.1. *Função gaussiana de probabilidades. A probabilidade ΔP_i de obter uma medida y no intervalo Δy é a área ΔS. A área total sob a curva é 1, devido à condição de normalização 2.11.*

3.3 Distribuição de Laplace-Gauss

A distribuição de Laplace-Gauss ou distribuição gaussiana de erros é definida pela função de densidade de probabilidade[5] dada por

$$G(y) = \frac{1}{\sigma\sqrt{2\pi}} e^{-\frac{1}{2}\left(\frac{y-\mu}{\sigma}\right)^2}, \qquad (3.3)$$

onde $\mu \equiv y_{mv}$ é o valor médio verdadeiro e σ é o desvio padrão verdadeiro. A probabilidade ΔP_i de obter um resultado y qualquer num intervalo $\{y_i; \Delta y\}$ é dada pela Equação 2.5 ou 2.6:

$$\Delta P_i \cong G(y_i)\,\Delta y \qquad (\text{ou} \quad dP = G(y)dy \quad \text{se} \quad \Delta y \equiv dy \to 0). \qquad (3.4)$$

Assim, a probabilidade de se obter um resultado y na medição é proporcional a $G(y)$. A função $G(y)$ e a interpretação geométrica da probabilidade ΔP_i são mostradas na Figura 3.1.

---
[5] A definição e propriedades da função gaussiana são apresentadas na Seção 2.4.

46　　CAPÍTULO 3. DISTRIBUIÇÃO GAUSSIANA

3.4 Justificativa para a função gaussiana

A função gaussiana é amplamente utilizada para descrever erros experimentais. Por isso, é também chamada *função normal de erros*.

A distribuição gaussiana foi deduzida por K.F. Gauss em 1795. Outra dedução foi apresentada por P.S. Laplace em 1812. Por isso, também é chamada de distribuição de Gauss-Laplace. As deduções são importantes fundamentos matemáticos, que ajudam a entender porque as distribuições de erro tendem a ser gaussianas. Entretanto, as deduções não demonstram que erros experimentais seguem distribuições gaussianas. Na prática, as hipóteses admitidas nas demonstrações matemáticas, só são aproximadamente satisfeitas. Verifica-se *experimentalmente* que, em geral, os erros seguem distribuição gaussiana com boa aproximação. Eventualmente, uma distribuição de erros pode ser diferente da distribuição gaussiana.

Uma justificativa matemática da função gaussiana como distribuição de erros é encontrada no *Teorema do limite central*, em sua forma mais geral[6]. Numa linguagem bastante simplificada e adaptada ao problema em questão, este teorema pode ser enunciado como segue.

Erros aleatórios independentes η_1, η_2, $\cdots$ *e* η_q *são admitidos como tendo distribuições de probabilidade quaisquer com variâncias finitas e tais que nenhum* η_i *particular é muito maior que os demais. Nestas condições, se o erro total é* $\eta = \eta_1 + \eta_2 + \cdots + \eta_q$, *então, a distribuição de erros para* η *converge para uma distribuição gaussiana, no limite* $q \to \infty$.

Em resumo, se o erro total η é a soma de muitos erros elementares η_i que têm distribuições quaisquer com variâncias finitas, a distribuição de probabilidades para η tende a ser gaussiana.

Os Exemplos 3 e 4 mostram como a *superposição* de distribuições de probabilidade converge rapidamente para uma distribuição gaussiana. O Exemplo 3 mostra que a superposição de 2 distribuições *retangulares* resulta numa distribuição *triangular*. O Exemplo 4 mostra que uma superposição de 3 distribuições retangulares resulta numa

---

[6]Uma versão mais geral do Teorema do limite central é o Teorema de Lindeberg-Feller. Uma apresentação matemática mais formal deste teorema é dada no Apêndice A.

3.4. JUSTIFICATIVA PARA A FUNÇÃO GAUSSIANA 47

distribuição bastante próxima de uma distribuição gaussiana. Os exemplos apresentados são para distribuições discretas, mas as conclusões valem para distribuições contínuas.

A superposição de diversas distribuições de erro converge para uma gaussiana, mas existe a condição de *variâncias finitas*. Por exemplo, no caso da distribuição lorentziana[7], a variância não é finita e, se existirem erros elementares com distribuições lorentzianas, a distribuição para o erro total η não converge para uma gaussiana.

Uma vez que, em qualquer processo de medição, sempre existem várias fontes de erro, não é difícil entender a importância da função gaussiana para descrever erros experimentais, em geral.

Exemplo 3. *Superposição de 2 distribuições retangulares.*

A Figura 3.2 mostra uma distribuição retangular[8] para uma variável discreta X, que só pode ter 5 valores equiprováveis: -2, -1, 0, 1 e 2. Assim, a probabilidade para cada resultado é $P_1(X_i) = 1/5$.

O valor médio μ e o desvio padrão σ são dados por 1.13 e 1.14:

$$\mu = \sum_{i=1}^{5} P_i X_i = 0 \qquad e \qquad \sigma^2 = \sum_{i=1}^{5} P_i (X_i - \mu)^2 = 2.$$

A seguir são consideradas duas variáveis X e Y que têm exatamente a mesma distribuição de probabilidades mostrada na Figura 3.2. Definindo a variável discreta y como a soma de X e Y:

$$y = X + Y.$$

A Tabela 3.3 mostra os resultados y_i possíveis para a variável y. Cada soma na tabela pode ser considerada um resultado equiprovável. Assim, as probabilidades $P_2(y_i)$ podem ser calculadas facilmente, a partir da multiplicidade $M(y_i)$ de cada resultado y_i e do número total N de resultados equiprováveis:

$$P_2(y_i) = \frac{M(y_i)}{N}.$$

---

[7]Ver Exemplo 3 do Capítulo 2.
[8]Ver Exemplo 2 e Questão 2, do Capítulo 2.

48 CAPÍTULO 3. DISTRIBUIÇÃO GAUSSIANA

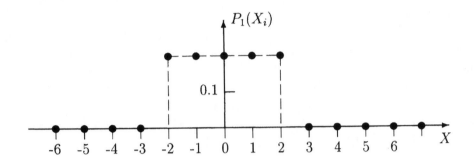

Figura 3.2. *Distribuição retangular para variável discreta X.*

Tabela 3.1. *Resultados possíveis para a soma* $y_i = X_j + Y_k$.

	$X_1 = -2$	$X_2 = -1$	$X_3 = 0$	$X_4 = +1$	$X_5 = +2$
$Y_1 = -2$	-4	-3	-2	-1	0
$Y_2 = -1$	-3	-2	-1	0	1
$Y_3 = 0$	-2	-1	0	1	2
$Y_4 = +1$	-1	0	1	2	3
$Y_5 = +2$	0	1	2	3	4

Tabela 3.2. *Multiplicidades* $M(y_i)$ *e probabilidades* $P_2(y_i)$.

y_i	-4	-3	-2	-1	0	+1	+2	+3	+4
$M(y_i)$	1	2	3	4	5	4	3	2	1
$P_2(y_i)$	0,04	0,08	0,12	0,16	0,20	0,16	0,12	0,08	0,04

3.4. JUSTIFICATIVA PARA A FUNÇÃO GAUSSIANA

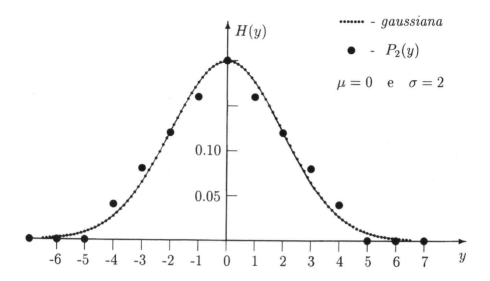

Figura 3.3. *Distribuição triangular $H_2(y)$ que resulta da superposição de duas distribuições retangulares iguais. Uma distribuição gaussiana com mesmo desvio padrão também é mostrada, para comparação.*

A Tabela 3.2 e a Figura 3.2 mostram a distribuição de probabilidades. Como pode ser visto, a distribuição que resulta da superposição das 2 distribuições retangulares é uma distribuição triangular.

O valor médio μ_2 é nulo e o desvio padrão σ_2 da distribuição pode ser calculado diretamente pela Equação 1.14, obtendo-se

$$\sigma_2^2 = \sum_{i=1}^{5} P_2(y_i)(y_i - \mu_2)^2 = 4.$$

Lembrando que $\sigma_X^2 = \sigma_Y^2 = 2$, verifica-se que

$$\sigma_2^2 = \sigma_X^2 + \sigma_Y^2 = 2\sigma^2,$$

onde σ_X e σ_Y são os desvios padrões associados às variáveis X e Y. No Capítulo 8 é mostrado que a relação acima é válida *aproximadamente*, para o caso de soma de variáveis X e Y com distribuições quaisquer. Neste caso particular, verifica-se que a equação é exata.

Tabela 3.3. *Valores possíveis de y_i e multiplicidades $M(y_i)$.*

y_i	-6	-5	-4	-3	-2	-1	0	1	2	3	4	5	6
$M(y_i)$	1	3	6	10	15	18	19	18	15	10	6	3	1

Exemplo 4. *Superposição de 3 distribuições retangulares.*

A variável y é definida como a soma

$$y = X + Y + Z,$$

onde X, Y e Z têm distribuições de probabilidades retangulares iguais à da Figura 3.2. Os resultados possíveis para a variável y podem ser obtidos somando-se os valores possíveis de Z (-2, -1, 0, 1 e 2) a cada um dos valores da Tabela 3.1. Assim, obtém-se $N = 125$ resultados equiprováveis. A Tabela 3.3 mostra os resultados y_i, possíveis e a multiplicidade $M_{(y_i)}$ para cada resultado.

As probabilidades $P_3(y_i)$ são dadas por

$$P_3(y_i) = \frac{M(y_i)}{N}.$$

O valor médio μ_3 é nulo e o desvio padrão σ_3 da distribuição pode ser obtido diretamente, pela Equação 1.14:

$$\sigma_3^2 = \sum_{i=1}^{13} P_3(y_i)\,(y_i - \mu_3)^2 = 6.$$

Também neste caso, verifica-se que

$$\sigma_2^2 = \sigma_X^2 + \sigma_Y^2 + \sigma_Z^2 = 3\sigma^2.$$

Isto é, na soma de variáveis X, Y e Z, as *variâncias* correspondentes devem ser somadas. Conforme será mostrado no Capítulo 8, esta regra é válida aproximadamente para distribuições quaisquer.

3.4. JUSTIFICATIVA PARA A FUNÇÃO GAUSSIANA

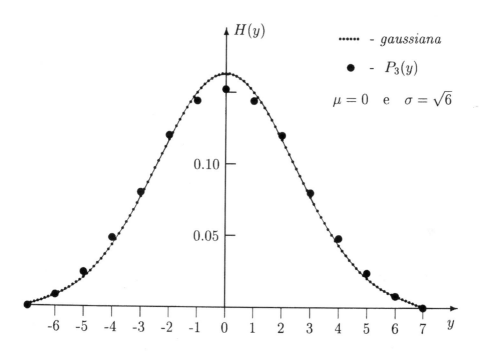

Figura 3.4. *Comparação entre a distribuição gaussiana e a distribuição $P_3(y)$ que é a superposição de 3 distribuições retangulares iguais.*

A distribuição de probabilidades $P_3(y_i)$ é mostrada na Figura 3.4. Uma distribuição gaussiana com o mesmo desvio padrão também é mostrada na Figura 3.4, para comparação. Como pode ser visto, a superposição das 3 distribuições retangulares se aproxima bastante de uma gaussiana.

Os exemplos 3 e 4 mostram que, mesmo no caso de apenas 3 distribuições muito diferentes de uma distribuição gaussiana, a superposição resulta muito próxima de uma gaussiana. Essencialmente, este é o significado do Teorema do limite central. Mas, deve ser lembrado que a condição de *variância finita* é importante. Se existirem contribuições de distribuições com variâncias não finitas, tais como lorentzianas, a superposição não converge para uma gaussiana.

Questões

1. Uma variável X_i só pode assumir os valores inteiros:

$$X_i = -a, \, -(a-1), \cdots, 0, \cdots, (a-1), \, a,$$

sendo *retangular* a distribuição de probabilidades, como na Figura 3.2.

- Mostrar que a variância é

$$\sigma^2 = \frac{a(a+1)}{3}. \qquad (3.5)$$

Nesta e na questão seguinte, são usadas as relações:

$$\sum_{i=1}^{n} i^2 = \frac{1}{6} n(n+1)(2n+1) \quad e \quad \sum_{i=1}^{n} i^3 = \frac{1}{4} n^2 (n+1)^2.$$

- Mostrar que para a distribuição similar com variável contínua:

$$\sigma^2 = \frac{a^2}{3}. \qquad (3.6)$$

Para $a \gg 1$, não importa muito se a variável é contínua ou discreta.

2. Uma variável X_i só pode assumir os valores inteiros:

$$X_i = -a, \, -(a-1), \cdots, 0, \cdots, (a-1), \, a,$$

sendo *triangular* a distribuição de probabilidades, como na Figura 3.3.

- Mostrar que a probabilidade para cada X_i é

$$P(X_i) = \frac{1}{a} \left(1 - \frac{X_i}{a} \right). \qquad (3.7)$$

- Mostrar que a variância é

$$\sigma^2 = \frac{(a^2 - 1)}{6}. \qquad (3.8)$$

- Mostrar que para a distribuição similar com variável contínua:

$$\sigma^2 = \frac{a^2}{6}. \qquad (3.9)$$

Para $a \gg 1$, não importa muito se a variável é contínua ou discreta.

Capítulo 4

Incerteza

Resumo
Neste capítulo são apresentados o conceito de incerteza, as formas de indicar a incerteza e, em particular, a incerteza padrão. As possíveis relações entre incerteza padrão e limite de erro são apresentadas.

4.1 Objetivos da teoria de erros

Uma grandeza física experimental deve ser determinada a partir de medição e o resultado é sempre uma aproximação para o valor verdadeiro da grandeza. Os objetivos da teoria de erros consistem em determinar o *melhor valor possível* para a grandeza a partir das medições e determinar quanto o *melhor valor* obtido pode ser diferente do valor verdadeiro. O melhor valor para a grandeza (mensurando) deve ser o o mais próximo possível do valor verdadeiro e também pode também ser chamado de *melhor estimativa* ou, simplesmente, *valor experimental* para a grandeza física.

A incerteza no melhor valor y pode ser definida como uma indicação de quanto este melhor valor pode diferir do valor verdadeiro do mensurando, em termos de probabilidades.

53

54 CAPÍTULO 4. INCERTEZA

Indicando por y_v o valor verdadeiro de uma grandeza e por y o melhor valor obtido numa medição ou num conjunto de medições, o *erro* em y é definido pela Equação 3.1:

$$\eta = y - y_v .$$ (4.1)

No formalismo da teoria dos erros, o valor verdadeiro y_v é considerado desconhecido[1]. Assim, o erro η também *é uma quantidade desconhecida,* por hipótese. *O melhor valor e a respectiva incerteza só podem ser obtidos e interpretados em termos de probabilidades.* Se fosse possível fazer qualquer afirmação de *caráter mais determinístico* sobre o melhor valor y ou sobre o erro η, o valor verdadeiro para a grandeza deixaria de ser uma quantidade desconhecida.

Os objetivos da *teoria de erros* podem ser resumidos em:

- *Obter o melhor valor* para o mensurando a partir dos dados experimentais disponíveis[2]. Isto significa determinar a melhor aproximação possível para o valor verdadeiro, em termos probabilísticos.

- *Obter a incerteza no melhor valor obtido,* o que significa determinar quanto este melhor valor pode ser diferente do valor verdadeiro da grandeza física, em termos probabilísticos.

4.2 Formas de indicar a incerteza

A incerteza em um resultado pode ser especificada de diferentes maneiras. As formas mais usuais para indicar incerteza são[3]:

- Incerteza padrão (σ),

- Incerteza expandida com confiança P $(k\sigma)$,

- Limite de erro (L) e

- Erro provável (Δ)

---

[1]Ver discussão nas Seções 3.1 e 3.2 do Capítulo 3.

[2]Um princípio geral para a determinação do melhor valor de uma grandeza a partir de um conjunto de dados experimentais é discutido no Capítulo 10.

[3]A nomenclatura utilizada é a da Referência 20.

4.3. INTERVALO DE CONFIANÇA

A incerteza padrão[4] pode ser definida como o desvio padrão da distribuição de erros[5]. Esta é a maneira mais usada atualmente, para indicar a incerteza em trabalhos de física experimental.

A *incerteza expandida com confiança* P é um múltiplo da incerteza padrão ($k\sigma$). Os valores usuais do fator multiplicativo k são mostrados na Tabela 4.1, para distribuição gaussiana.

O *limite de erro* (L) é o valor máximo admissível para o erro[6]. Esta é a forma mais utilizada em especificações técnicas de instrumentos, padrões de calibração, componentes ou peças. Por isso, esta forma de incerteza também é importante em física experimental.

O *erro provável* é o valor Δ que tem 50 % de probabilidade de ser excedido pelo erro η, em módulo. O "erro provável" era muito usado no passado e não é mais utilizado. Livros e trabalhos de física antigos apresentam a incerteza desta maneira.

A interpretação da incerteza padrão, bem como das outras formas de incerteza, é baseada no conceito de *intervalo de confiança*, que é apresentado a seguir.

4.3 Intervalo de confiança

Nível de confiança P, *coeficiente de confiança P* ou, simplesmente, *confiança P* de uma afirmativa é a probabilidade P de que esta afirmativa esteja correta.

Considerando a afirmativa "$a < b < c$" com confiança P, esta inequação define um *intervalo de confiança para a quantidade* b, que pode ser representado por :

$$a < b < c \quad (com\ confiança\ P).$$

Esta relação não é uma inequação matemática, mas apenas uma afirmativa que pode ou não ser correta. Isto é, b é quantidade desconhecida com certa probabilidade de ser menor que a ou maior que c.

---

[4]As expressões "incerteza padrão" e "incerteza expandida" são propostas na Referência 20, mas não constam no VIM (Referências 21 e 22).

[5]Esta definição tem o inconveniente de não ser aplicável a eventuais distribuições de erros de variância infinita.

[6]Eventualmente, podem ser considerados "limites" de erro, superior e inferior.

CAPÍTULO 4. INCERTEZA

Tabela 4.1. *Intervalos de confiança para incertezas e correspondentes níveis de confiança, no caso de distribuições gaussianas para os erros.*

Incerteza		Intervalo de confiança	Confiança
Incerteza padrão	σ_v	$(y - \sigma_v) < y_v < (y + \sigma_v)$	68,27%
δ	$2\sigma_v$	$(y - 2\sigma_v) < y_v < (y + 2\sigma_v)$	95,45%
δ	$3\sigma_v$	$(y - 3\sigma_v) < y_v < (y + 3\sigma_v)$	99,73%
δ	$1,645\sigma_v$	$(y - \delta) < y_v < (y + \delta)$	90%
δ	$2,576\sigma_v$	$(y - \delta) < y_v < (y + \delta)$	99%
Erro provável	Δ	$(y - \Delta) < y_v < (y + \Delta)$	50%

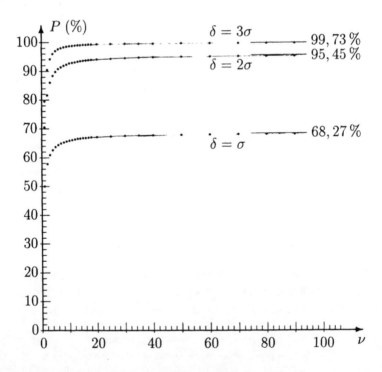

Figura 4.1. *Níveis de confiança P para $k\sigma \leq (y - y_v) \leq k\sigma$, em função do número de graus de liberdade na obtenção de y.*

4.4 Interpretação da incerteza padrão

Se y_v é o valor verdadeiro de um mensurando e y é o resultado de um processo de medição, a probabilidade $P(\delta)$ de se obter um resultado y no intervalo

$$y_v - \delta < y < y_v + \delta \tag{4.2}$$

pode ser obtida integrando-se a função densidade de probabilidade (Equação 2.10). Admitindo uma distribuição gaussiana para os erros,

$$P(\delta) = \frac{1}{\sigma_v \sqrt{2\pi}} \int_{y_v-\delta}^{y_v+\delta} e^{-\frac{1}{2}\left(\frac{y-y_v}{\sigma_v}\right)^2} dy, \tag{4.3}$$

onde y_v é o valor verdadeiro e σ_v é a incerteza padrão (verdadeira). A integral pode ser feita numericamente e os resultados para $P(\delta)$ em função de δ são dados na Figura 2.2. Para $\delta = \sigma_v$, $P = 68,27\%$, e a inequação 4.2 define um intervalo de confiança para o erro $\eta = (y - y_v)$:

$$-\sigma_v < \eta < +\sigma_v \quad \text{com confiança } P = 68,27\%. \tag{4.4}$$

Isto é, pode-se afirmar com 68,27% de confiança que o erro η tem módulo menor que σ_v. Resolvendo a inequação 4.2 para y_v, obtém-se o intervalo de confiança para o valor verdadeiro:

$$(y - \sigma_v) < y_v < (y + \sigma_v) \quad \text{com confiança } P = 68,27\%. \tag{4.5}$$

O intervalo de confiança correspondente ao erro provável Δ tem confiança $P = 50\%$, por definição. A relação entre Δ e σ_v é obtida resolvendo numericamente a Equação 4.3, para $P = 0,5$. Resulta que:

$$\Delta = 0,6745\,\sigma_v. \tag{4.6}$$

A Tabela 4.1 resume os intervalos de confiança para a incerteza padrão σ_v e para as incertezas expandidas $\delta = k\sigma_v$. Os níveis de confiança indicados são para a *incerteza padrão verdadeira* σ_v, que nunca é conhecida exatamente. A incerteza padrão σ, que se obtém experimentalmente, é sempre uma aproximação para σ_v. Neste caso, os níveis de confiança são um pouco menores. A Figura 4.1 mostra os níveis de confiança, em função do "número de graus de liberdade" ν, que é um parâmetro definido no Capítulo 12. No caso mais simples, o resultado y é obtido como uma média de n medições independentes e o número de graus de liberdade é $\nu = (n - 1)$.

58 CAPÍTULO 4. INCERTEZA

Exemplo 1. *Constante universal de gravitação.*

A força **F** de atração entre duas massas m_1 e m_2, separadas de uma distância r tem módulo dado pela chamada Lei de Gravitação:

$$F = \mathcal{G} \ \frac{m_1 m_2}{r^2},$$

onde $\mathcal{G}$ é uma constante chamada *constante universal de gravitação.* Esta constante é um exemplo de *grandeza física experimental,* cujo valor numérico deve ser determinado a partir de medições. Uma possível experiência de laboratório para determinar $\mathcal{G}$, seria medir a força F para diferentes pares de massas m_1 e m_2, e diferentes distâncias r. O *conjunto de dados experimentais* é o conjunto de resultados obtidos para m_1, m_2, r, F e respectivas incertezas.

Obter o *melhor valor para* $\mathcal{G}$ *e a respectiva incerteza,* a partir do conjunto de dados experimentais é um exemplo de problema de que trata a *teoria de erros.*

Ao longo dos anos, muitas experiências tem sido realizadas para determinar a constante de gravitação $\mathcal{G}$. A Tabela 4.2 mostra *alguns* exemplos de valores experimentais G e respectivas incertezas[7].

A incerteza em G é indicada por meio da incerteza padrão σ em cada resultado da Tabela 4.2. A incerteza padrão também está indicada na forma de porcentagem, isto é, $100\,\sigma/G\,(\%)$.

Tabela 4.2. *Valores experimentais para a constante de gravitação.*

ano	$(G \pm \sigma) \times (10^{-11} m^3 s^{-2} kg^{-1})$	$100\,\sigma/G$
1798	$6,75 \pm 0,05$	$0,74\,\%$
1896	$6,657 \pm 0,013$	$0,20\,\%$
1930	$6,670 \pm 0,005$	$0,075\,\%$
1973	$6,6720 \pm 0,0041$	$0,062\,\%$
1988	$6,67259 \pm 0,00085$	$0,013\,\%$

---

[7] O assunto é discutido na Referência 3. Os dados da Tabela 4.2 foram obtidos das Referências 2 e 3.

4.4. INTERPRETAÇÃO DA INCERTEZA PADRÃO

Admitindo erros com distribuição gaussiana, a incerteza padrão σ define um intervalo de confiança para $\mathcal{G}$, em cada caso:

$$G - \sigma < \mathcal{G} < G + \sigma \qquad \text{com confiança} \quad P \cong 68\,\%$$

Os resultados da Tabela 4.2 também podem ser mostrados em gráfico, como na Figura 4.2. Num gráfico, a incerteza padrão em cada resultado pode ser indicada por meio de *barras de incerteza*. Nem sempre isto é possível, pois a incerteza padrão pode ser muito pequena, tal como ocorre para o último ponto do gráfico.

Apesar de que $\mathcal{G}$ é desconhecido, ao longo dos anos, os valores experimentais (G) convergem para um valor definido, que deve ser o valor verdadeiro da grandeza ($\mathcal{G}$).

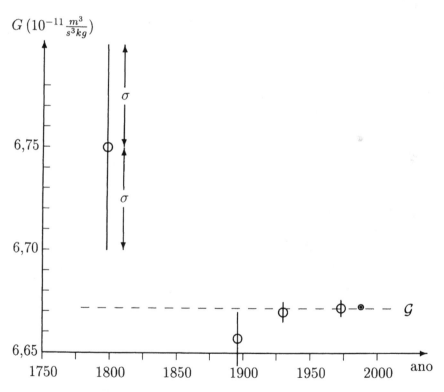

Figura 4.2. *Valores da constante de gravitação ao longo dos anos.*

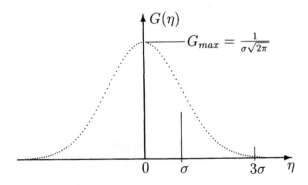

Figura 4.3. *Distribuição gaussiana de erros.*

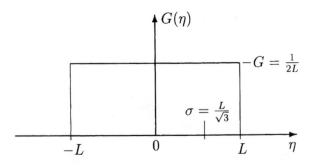

Figura 4.4. *Distribuição retangular de erros.*

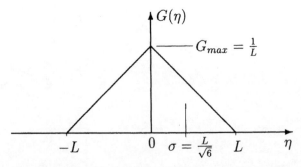

Figura 4.5. *Distribuição triangular de erros.*

4.5 Limite de erro

O *limite de erro* L é o valor máximo que pode ter o erro η. No caso de uma distribuição de erros simétrica, que se anula além de um certo valor $y = L$, este é o limite de erro[8] :

$$-L < \eta < +L \qquad com\ confiança\ P = 100\,\%. \tag{4.7}$$

Um problema que ocorre com bastante frequência em medições é o de estabelecer uma relação entre "limite de erro" e "incerteza padrão". A questão é complicada e polêmica, e não será considerada em detalhes neste texto[9]. Apenas são apresentadas algumas regras gerais, a serem aplicadas com bom senso, em cada medição particular. Podem ser considerados os seguintes casos:

- A distribuição de erros pode ser considerada gaussiana e o limite de erro não é bem definido.

- Um limite de erro é bem estabelecido, mas a distribuição de erros não é bem conhecida.

4.5.1 Distribuição gaussiana

No caso de uma distribuição gaussiana para erros, não existe um limite de erro absoluto, pois a gaussiana nunca se anula, teoricamente. Entretanto, a Figura 4.3 mostra que a gaussiana praticamente se anula para erro maior que $L = 3\sigma$. Por isso, este valor é frequentemente considerado como limite de erro[10]. Isto é, a incerteza expandida com confiança $P = 99,73\,\%$ pode ser considerada como "limite de erro".

---

[8]Eventualmente, a distribuição pode ser assimétrica e devem ser considerados um limite superior de erro L_s e um limite inferior de erro L_i. Neste texto, são consideradas somente distribuições de erro simétricas, com $L_s = L_i = L$.

[9]Discussões a respeito são apresentadas no Capítulo 9 da Referência 3 e na Referência 20.

[10]No Capítulo 7, a quantidade $L = 3\sigma$ é definida como "limite de erro estatístico", com relação a erros estatísticos.

62　　　　　　　　　　　　　　　　*CAPÍTULO 4. INCERTEZA*

Assim,

$$L = 3\sigma \qquad (\sigma = \frac{L}{3}) \qquad (4.8)$$

pode ser considerado como um "limite de erro com mais de 99 % de confiança". Também pode ser considerado um limite de erro com confiança menor, tal como aproximadamente 95 % :

$$L = 2\sigma \qquad (\sigma = \frac{L}{2}). \qquad (4.9)$$

Analogamente, $L = 1,645\sigma$ e $L = 2,576\sigma$ podem ser considerados como limites de erro com confiança $\approx$ 90 % e $\approx$ 99 %, respectivamente.

As Equações 4.8 e 4.9 podem ser usadas para obter a incerteza padrão quando a distribuição de erros é gaussiana e um limite de erro com um certo nível de confiança pode ser estabelecido.

4.5.2　Outras distribuições

Em certos casos, ocorre que o limite de erro para uma grandeza é bem definido, mas a distribuição de erros não é bem conhecida. Nestes casos, o melhor procedimento é admitir uma distribuição de erros mais simples, mas que tenha limites bem definidos, tal como uma distribuição retangular ou uma distribuição triangular[11]. Estas distribuições são mostradas nas Figuras 4.4 e 4.5, sendo L o limite de erro, nos dois casos.

Para a distribuição retangular, a relação entre o limite de erro L e a incerteza padrão σ (desvio padrão) é dada por[12]

$$\sigma = \frac{L}{\sqrt{3}} \cong \frac{L}{1,73}. \qquad (4.10)$$

Analogamente, para a distribuição triangular

$$\sigma = \frac{L}{\sqrt{6}} \cong \frac{L}{2,45}. \qquad (4.11)$$

---

[11]Distribuições retangular, triangular, retangular assimétrica e trapezoidal são discutidas na Referência 20, tendo em vista a aplicação na estimativa de incertezas.

[12]Ver Questões 1 e 2 do Capítulo 3.

4.5. LIMITE DE ERRO

4.5.3 Regra prática

Em geral, instrumentos análogicos são construídos de forma que o "limite de erro de calibração" do instrumento seja igual à menor divisão da escala[13]. Uma "regra prática", muito usada, é considerar a "incerteza padrão" como "metade da menor divisão" da escala. Isto é,

$$\sigma = \frac{L_c}{2}, \qquad (4.12)$$

onde L_c é a menor divisão da escala analógica. Comparando com as relações 4.9, 4.10 e 4.11, esta relação se justifica, como regra geral. Entretanto, esta regra prática não deve ser aplicada indiscriminadamente. Deveriam ser observadas as seguintes considerações:

- Além do erro de calibração do instrumento, podem existir vários outros erros significativos que podem ser até muito maiores[14].

- Muitos instrumentos têm limite de erro de calibração maior que a menor divisão. Por exemplo, isto pode ocorrer com réguas ou transferidores comuns, de plástico. Mas, pode ocorrer também com instrumentos de boa qualidade e precisão, tais como multímetros digitais e paquímetros com nônio de 50 divisões, que têm limite de erro bem maior que a menor divisão[15].

- Mesmo quando o limite de erro corresponde à menor divisão, usualmente, isto se aplica da metade para o final da escala. Em geral, o limite de erro é bem menor no início da escala. Por exemplo, para uma régua metálica de boa qualidade de $50\,cm$, graduada em mm, o limite de erro é certamente bem menor que $1\,mm$ para distâncias pequenas. Algumas réguas deste tipo têm graduação de 0,5 em 0,5 mm para comprimentos até $10\,cm$.

Em resumo, as relações 4.8, 4.9, 4.10, 4.11 ou 4.12 podem ser utilizadas para converter o limite de erro em incerteza padrão. Em cada caso, a opção deve ser feita com bom senso e com base em todas as informações disponíveis sobre os instrumentos utilizados e sobre o processo de medição.

---

[13]Discussão adicional sobre erros de instrumentos é apresentada no Capítulo 9.
[14]Ver Exemplo 2, a seguir.
[15]Ver Capítulo 9.

Exemplo 2. *Leitura de uma régua graduada em milímetros.*

Na medição do comprimento de um objeto com uma régua graduada em milímetros, vários possíveis erros podem ser identificados:

- *Erro de calibração* da escala, devido à erros na graduação original da escala, variações no comprimento da escala por efeito de temperatura, deformações e outros fatores,

- *Erro de leitura*, devido a paralaxe, erro na avaliação da fração de mm, erro no posicionamento e alinhamento do objeto em relação à escala e

- *Erro no próprio comprimento a ser medido*, devido a deformações, variações por efeito de temperatura e outros fatores.

O *limite de erro de calibração* de uma régua deveria ser no máximo igual à menor divisão da escala[16]. Assim, para a leitura de uma régua graduada em milímetros, o *limite de erro* pode ser considerado como

$$L_c = 1\,mm\,.$$

Para um comprimento bem determinado e em ótimas condições de medição, os erros na leitura e no próprio comprimento são usualmente desprezíveis[17], em relação ao erro de calibração. Neste caso, pode-se admitir o limite de erro L como sendo o limite de erro de calibração da escala, para comprimentos grandes, próximos do final da escala. Para obter a incerteza padrão pode-se usar a relação 4.12:

$$\sigma = \frac{L_c}{2} = 0,5\,mm$$

Entretanto, pode-se optar por qualquer uma das relações 4.8, 4.9, 4.10 ou 4.11, dependendo das condições de medição, da qualidade da régua e do próprio comprimento a ser medido.

---

[16]Uma discussão mais detalhada a respeito é apresentada no Capítulo 9.

[17]Por exemplo, para um fio rígido, torcido e irregular, os erros de leitura e de posicionamento do fio em relação à escala podem ser bastante grandes.

Capítulo 5

Algarismos significativos

Resumo

O número de dígitos ou algarismos que devem ser apresentados num resultado experimental é determinado pela incerteza padrão neste resultado. Neste Capítulo, são apresentados o conceito de algarismo significativo e as regras práticas para apresentar um resultado experimental com a respectiva incerteza padrão, os quais devem ser escritos utilizando somente algarismos significativos.

5.1 Incerteza padrão experimental

A incerteza padrão σ, em resultado experimental y, pode ser interpretada por meio de intervalo de confiança para o valor verdadeiro y_v. No caso de distribuição gaussiana para os erros[1]:

$$y - \sigma < y_v < y + \sigma \qquad \text{com confiança } P \approx 68\% \qquad (5.1)$$

Para a incerteza padrão verdadeira σ_v, $P = 68,27\%$. Entretanto, para a incerteza padrão experimental σ, o coeficiente de confiança P é menor e aproximado, como mostrado na Figura 4.1.

---

[1]Neste Capítulo, é admitido implicitamente que a distribuição de erros é gaussiana e que a incerteza padrão é obtida experimentalmente, com número de graus de liberdade razoavelmente grande (ver Seção 4.4 e Figura 4.1.)

5.2 Conceito de algarismo significativo

O valor de uma grandeza experimental, obtido a partir de cálculos ou medições, pode ser um número na forma decimal, com muitos algarismos. Por exemplo,

$$\underbrace{O\,,\,O\,\,O\,\,O}_{n\tilde{a}o\ significativos}\ \underbrace{X\,\,Y\ \cdots\ Z\,\,W}_{significativos}\ \underbrace{A\,\,B\,\,C\,\,D\ \cdots}_{n\tilde{a}o\ significativos}$$

Algarismo significativo em um número pode ser entendido como cada algarismo que *individualmente tem algum significado*, quando o número é escrito na forma decimal.

Os *zeros à esquerda* do primeiro algarismo diferente de zero *não são significativos*. Cada "zero" à esquerda não tem nenhum significado quando considerado *individualmente*. O único significado do "conjunto dos zeros" é indicar a posição da vírgula decimal. Por exemplo, mudando as unidades da grandeza ou utilizando uma potência de 10 como fator multiplicativo, os "zeros à esquerda" podem ser eliminados.

Por outro lado, deve ser considerado que existe uma *incerteza* associada ao número que representa a grandeza experimental. Isto significa que todos os algarismos à direita além de um certo algarismo W são não significativos. Isto é explicado mais detalhadamente a seguir.

Devido à incerteza, cada um dos algarismos no número tem uma determinada *probabilidade de ser o algarismo verdadeiro*. Geralmente, esta probabilidade está entre $50\,\%$ e $100\,\%$ para o primeiro algarismo não nulo (X) e vai diminuindo para algarismos à direita, até se tornar muito próxima de $10\,\%$ para certo algarismo A. Isto é, a probabilidade de que A seja o algarismo verdadeiro é praticamente a mesma que para qualquer outro algarismo. Se determinado algarismo A tem a mesma probabilidade que os demais de ser o algarismo verdadeiro, então, o algarismo A não pode ter nenhum significado, porque não transmite nenhuma informação. Em resumo, um algarismo é significativo quando tem maior probabilidade de ser correto, em relação aos demais. Como mostrado nos Exemplos 1 e 2, o último algarismo significativo à direita pode ser determinado pela incerteza padrão no resultado.

5.2. CONCEITO DE ALGARISMO SIGNIFICATIVO

Exemplo 1. Uma distância foi medida, obtendo-se os resultados:

$$y = 73,6\, m \qquad e \qquad \sigma = 1,2\, m,$$

onde σ é a incerteza padrão. Um intervalo de confiança de aproximadamente 99,7% para o valor verdadeiro y_v é determinado pelos limites[2] $(y - 3\sigma)$ e $(y + 3\sigma)$. Isto é,

$$70,0\, m < y_v < 77,2\, m \qquad \text{com confiança } P \cong 99,7\%.$$

O valor verdadeiro y_v pode ser menor que $70,0\, m$ ou maior que $77,2\, m$. Mas, existe aproximadamente 99,7% de chance de que os 3 primeiros algarismos corretos do valor verdadeiro da grandeza sejam dados por um dos seguintes números:

70,0	70,1	70,2	70,3	70,4	70,5	70,6	70,7	70,8	70,9
71,0	71,1	71,2	71,3	71,4	71,5	71,6	71,7	71,8	71,9
72,0	72,1	72,2	72,3	72,4	72,5	72,6	72,7	72,8	72,9
73,0	73,1	73,2	73,3	73,4	73,5	73,6	73,7	73,8	73,9
74,0	74,1	74,2	74,3	74,4	74,5	74,6	74,7	74,8	74,9
75,0	75,1	75,2	75,3	75,4	75,5	75,6	75,7	75,8	75,9
76,0	76,1	76,2	76,3	76,4	76,5	76,6	76,7	76,8	76,9
77,0	77,1	77,2							

No Exemplo 3, são calculadas as probabilidades de que os vários algarismos sejam os algarismos corretos de y_v. A seguir, apenas são resumidas as conclusões, que também podem ser verificadas na tabela, lembrando que os números mostrados não são equiprováveis, mas a probabilidade é bem maior para números próximos de 73,6.

- O primeiro algarismo em y_v é 7 *quase com certeza*. Existe uma probabilidade muito pequena de que o algarismo correto seja 6.

- O segundo algarismo em y_v é, *quase com certeza*, um dos algarismos de 0 a 7. É muito pouco provável que seja 8 ou 9.

- O terceiro algarismo em y_v pode ser qualquer um, mas a probabilidade é um pouco maior para algarismos próximos de 6.

---

[2]Ver Seção 4.4 e observação na página 65.

Assim, quando se escreve $y = 73,6\,m$ os algarismos 3 e 6 são bastante incertos e até mesmo o algarismo 7 tem uma pequena incerteza. Entretanto, os três algarismos são significativos porque têm, em relação aos outros algarismos, uma probabilidade maior de serem corretos.

Por outro lado, se o resultado da medida fosse apresentado como

$$y = 73,6\ \underset{\smile}{4}\ m \quad e \quad \sigma = 1,2\ \underset{\smile}{3}\ m$$

o algarismo $\underset{\smile}{4}$ *não é significativo* porque este algarismo tem para todos os efeitos práticos a mesma chance de ser algarismo correto que qualquer outro algarismo de 0 a 9. Assim, este algarismo $\underset{\smile}{4}$ não tem nenhum significado e é *incorreto* escrevê-lo no resultado.

O algarismo $\underset{\smile}{3}$ na incerteza padrão σ corresponde ao algarismo $\underset{\smile}{4}$, que não é significativo. Por isso, o algarismo $\underset{\smile}{3}$ não tem muita utilidade e, usualmente, não é escrito. Além disso, raramente uma incerteza padrão é obtida experimentalmente com tal precisão.

5.3 Algarismos na incerteza padrão

Não existe uma regra muito bem definida para o número de algarismos que devem ser indicados para a incerteza padrão. A tendência atual[3] é no sentido de indicar a incerteza padrão *com 2 algarismos, além de zeros à esquerda.* Entretanto, em muitos casos, não é possível atribuir mais de 1 algarismo para a incerteza padrão.

Neste texto serão adotadas as regras apresentadas a seguir, nas quais os *zeros* à esquerda não são considerados.

- A incerteza padrão *deve* ser dada com 2 algarismos, quando o primeiro algarismo na incerteza for 1 ou 2.

- A incerteza padrão *pode* ser dada com 1 ou 2 algarismos, quando o primeiro algarismo na incerteza for 3 ou maior.

Estas regras são justificadas na Referência 17 e no Apêndice F.

---

[3]Ver Referências 2 e 3, por exemplo.

5.3. ALGARISMOS NA INCERTEZA PADRÃO

Tabela 5.1. *Formas de indicar a incerteza padrão.*

	inadequadas		adequadas	
1	$\sigma = 0,144$m	$\sigma = 0,1$m	$\sigma = 0,14$m	$\sigma = 14$cm
2	$\sigma = 1,026$s	$\sigma = 1$s	$\sigma = 1,0$s	-
3	$\sigma = 100m$	$\sigma = 10^2$m	$\sigma = 1,0 \times 10^2$m	$\sigma = 0,10$km
4	$\sigma = 2,31kg$	$\sigma = 2$kg	$\sigma = 2,3$kg	-
5	$\sigma = 2,78$cm	$\sigma = 3$cm	$\sigma = 2,8$cm	$\sigma = 28$mm
6	$\sigma = 3,49$m		$\sigma = 3,5$m	$\sigma = 3$m
7	$\sigma = 3,51$m		$\sigma = 3,5$m	$\sigma = 4$m
8	$\sigma = 4,413$N	$\sigma = 4,41$N	$\sigma = 4,4$N	$\sigma = 4$N
9	$\sigma = 0,00504$m		$\sigma = 0,0050$m	$\sigma = 0,005$m
10	$\sigma = 6,66$mm		$\sigma = 6,7$mm	$\sigma = 7$mm
11	$\sigma = 800$m		$\sigma = 8,0 \times 10^2$m	$\sigma = 8 \times 10^2$m
12	$\sigma = 0,09511$kg		$\sigma = 0,095$kg	$\sigma = 0,10$kg

A Tabela 5.1 mostra vários exemplos de incerteza padrão. À esquerda são mostradas formas escritas de maneira inadequada, que são reescritas de maneira mais adequada, à direita. A rigor, não é incorreto escrever a incerteza padrão com mais de 2 algarismos significativos. Entretanto, isto não tem muito utilidade prática e raramente a incerteza padrão é determinada com tal exatidão, de forma a ter mais que 2 algarismos significativos.

Os exemplos 6 e 7 mostram claramente a inconsistência de indicar a incerteza padrão com um único algarismo significativo. Incertezas padrões praticamente iguais ($3,49$ e $3,51$) seriam *arredondadas* para 3 e 4, que são valores muito diferentes. Este tipo de problema praticamente desaparece quando a incerteza padrão é indicada com 2 algarismos significativos.

Os exemplos 3 e 11 mostram que incerteza padrão maior do que 99 deve ser escrita usando *notação científica* ou trocando as unidades. No exemplo 11, trocando m por km resultaria $\sigma = 0,80\,km$, que pode ser escrito também como $\sigma = 0,8\,km$, conforme as regras adotadas.

Nos exemplo 2 e 3, deve ser observado que o último "zero" à direita é um algarismo significativo. Por isso, o algarismo 0 deve ser escrito na incerteza padrão σ, nestes casos.

5.4 Algarismos significativos na grandeza

A seguir, são resumidas as regras para se determinar os algarismos significativos num resultado e para se escrever o resultado final.

- Se a incerteza padrão é dada com um único algarismo, o algarismo correspondente na grandeza é o último algarismo significativo. Se a incerteza padrão é dada com 2 algarismos, os 2 algarismos correspondentes na grandeza podem ser considerados como os 2 últimos algarismos significativos.

- Os algarismos não significativos à direita *nunca devem ser escritos num resultado final.*

- Zeros à esquerda são considerados algarismos não significativos e, como regra geral, deve-se evitar muitos zeros à esquerda. Isto pode ser feito por meio de mudança de unidades ou usando uma potência de 10 como fator multiplicativo.

Exemplo 2. Um resultado experimental e a respectiva incerteza padrão são calculados, obtendo-se:

$$y = 0,0004639178\, m \quad e$$
$$\sigma = 0,000002503\, m$$

No caso, a incerteza padrão deve ter apenas 2 algarismos significativos:

$$\sigma = 0,0000025\, m$$

Os algarismos correspondentes em y (3 e 9) são os 2 últimos algarismos significativos. Assim, y deve ser escrito como

$$y = 0,0004639\, m$$

Muitos zeros à esquerda (não significativos) devem ser evitados trocando unidades ou utilizando fator multiplicativo:

$$y = 0,4639\, mm \quad e \quad \sigma = 0,0025\, mm$$

ou

$$y = 4,639 \times 10^{-4}\, m \quad e \quad \sigma = 0,025 \times 10^{-4}\, m$$

Deve ser observado que é bastante inconveniente usar unidades ou fatores multiplicativos diferentes para a grandeza e para a incerteza.

5.5 Arredondamento de números

Frequentemente ocorre que números devem ser arredondados. Por exemplo, na soma ou subtração de 2 quantidades, as mesmas devem ser escritas *com o mesmo número de algarismos significativos*.

Quando um dos números tem *algarismos significativos excedentes*, então estes devem ser eliminados com arredondamento do número. O arredondamento também deve ser empregado na eliminação dos algarismos não significativos de um número.

Se em um determinado número, tal como

$$\underbrace{\cdots \; W \; , \; Y \; X}_{significativos} \; \underbrace{A \; B \; C \; D \; \cdots}_{não \; significativos \; ou \; excesso} \; ,$$

$A \; B \; C \; D \; \cdots$ são algarismos que por qualquer motivo devem ser eliminados, o algarismo X deve ser arredondado aumentando de uma unidade ou não, conforme as regras a seguir.

- de X000... a X499..., os algarismos excedentes são simplesmente eliminados (arredondamento para baixo)

- de X500...1 a X999..., os algarismos excedentes são eliminados e o algarismo X aumenta de 1 (arredondamento para cima).

- No caso X500000..., então o arredondamento deve ser tal que o algarismo X *depois do arredondamento deve ser par*.

Tabela 5.2. *Exemplos de arredondamento de números.*

$2,4\,\underbrace{3}$	$\Longrightarrow$	$2,4$	$5,6\,\underbrace{500}$	$\Longrightarrow$	$5,6$
$3,68\,\underbrace{8}$	$\Longrightarrow$	$3,69$	$5,7\,\underbrace{500}$	$\Longrightarrow$	$5,8$
$5,6\,\underbrace{499}$	$\Longrightarrow$	$5,6$	$9,47\,\underbrace{5}$	$\Longrightarrow$	$9,48$
$5,6\,\underbrace{501}$	$\Longrightarrow$	$5,7$	$3,32\,\underbrace{5}$	$\Longrightarrow$	$3,32$

5.6 Formas de indicar a incerteza padrão

Uma grandeza experimental deve ser sempre dada com a respectiva incerteza. De preferência, a incerteza deve ser indicada por meio da incerteza padrão.

A incerteza padrão deve ser dada com 1 ou 2 algarismos, conforme as regras apresentadas, e a grandeza deve ser dada com todos os algarismos significativos e somente com algarismos significativos.

Por exemplo, a constante universal de gravitação[4] é escrita como

$$G = (\ \underbrace{6,67259}_{grandeza} \ \pm \ \underbrace{0,00085}_{incerteza\ \sigma}\ ) \times (10^{-11} m^3 s^{-2} kg^{-1}),$$

onde a incerteza padrão σ é uma *quantidade positiva*, por definição, e o sinal $\pm$ é convencional. Somando e subtraindo σ da grandeza, se obtém os limites do intervalo de confiança com nível de confiança $P \cong 68\%$, no caso de distribuição gaussiana de erros.

Conforme as regras adotadas, o resultado acima também pode ser escrito como

$$G = (\ 6,6726 \pm 0,0008\ ) \times (10^{-11} m^3 s^{-2} kg^{-1}).$$

Uma grandeza experimental e a respectiva incerteza padrão também podem ser representadas da seguinte maneira:

$$G = \underbrace{6,67259}_{grandeza} \underbrace{(85)}_{\sigma} \times (10^{-11} m^3 s^{-2} kg^{-1})$$

ou ainda

$$G = 6,6726\,(8) \times (10^{-11} m^3 s^{-2} kg^{-1}).$$

O inconveniente deste tipo de notação é a ausência de qualquer redundância. Se, numa eventual falha de redação do texto, um algarismo qualquer na grandeza é omitido, o leitor não tem nenhuma possibilidade de perceber que há alguma coisa errada.

---

[4] Ver Exemplo 1 do Capítulo 4.

5.7 Grandeza sem indicação da incerteza

Como regra geral, uma grandeza experimental deve ser apresentada com indicação *explícita* da incerteza. Quando, por qualquer motivo, isto se tornar inconveniente, a grandeza *deve* ser escrita conforme a seguinte regra[5]:

O limite de erro deve ser no máximo 0,5 no ultimo algarismo apresentado, quando não existir indicação explícita da incerteza.

Isto é, o limite de erro deve corresponder ao erro máximo de arredondamento na quantidade, de forma que todos os algarismos indicados são corretos exceto o último, que tem um limite de erro igual à 0,5.

Por exemplo, um valor experimental recente[6] para a carga do elétron é

$$e = (1,60217733 \pm 0,00000049) \times 10^{-19} C.$$

Admitindo o limite de erro é dado pela Equação 4.8 :

$$L = 3\sigma = 0,0000015 \times 10^{-19} C,$$

com mais de 99% de confiança, o valor verdadeiro para a carga do elétron deve estar entre os valores $e_1 = (e - L)$ e $e_2 = (e + L)$.

$$e_1 = 1,6021759 \times 10^{-19} C \quad e \quad e_2 = 1,6021788 \times 10^{-19} C.$$

Assim, para ter erro máximo de 0,5 no último algarismo, a carga do elétron deve ser escrita como

$$e = 1,60218 \times 10^{-19} C.$$

Conforme a regra mencionada, esta é a maneira correta de escrever o valor experimental da carga do elétron, *quando se deseja omitir completamente a indicação da incerteza.* Como pode ser observado, 3 algarismos *significativos* devem ser eliminados, neste caso.

---

[5]Esta regra é apresentada na Referência 4. Por exemplo, na Referência 5, a regra é um pouco diferente: o limite de erro deve ser no máximo 1, no último algarismo.

[6]Valor obtido da Referência 2.

Exemplo 3. Os resultados da medida de uma grandeza e respectiva incerteza padrão são inicialmente escritos como

$$y = 7\,3,\,6\,\underbrace{4}\ m \qquad e \qquad \sigma = 1,\,2\,\underbrace{3}\ m$$

Conforme as regras estabelecidas nas Seções 5.2, 5.3 e 5.4, nos dois casos, o último algarismo não é significativo e deve ser eliminado. A seguir será mostrado que, no exemplo acima, os 3 primeiros algarismos são significativos, enquanto que o algarismo 4 não é significativo.

Admitindo que a distribuição de erros é gaussiana, a função de densidade de probabilidade é dada por

$$G(\eta) \ = \ \frac{1}{\sigma\sqrt{2\pi}}\, e^{-\frac{1}{2\sigma^2}\,\eta^2} \qquad \text{onde} \qquad \eta \ = \ (y - y_v)$$

O valor verdadeiro y_v é desconhecido, enquanto $y = 73,64\,m$ é o resultado da medida. Assim, a expressão acima permite determinar probabilidades para o erro η, e portanto para o valor verdadeiro y_v.

A probabilidade $P(y_v)$ de que o valor verdadeiro seja y_v é proporcional a $G(\eta)$. Isto é, $P(y_v) = C\,G(\eta)$, onde C é uma constante de proporcionalidade. Assim, esta probabilidade pode ser escrita como

$$P(y_v) \ = \ C\,G(\eta) \ = \ p_0\,e^{-\frac{1}{2\sigma^2}\,\eta^2} \ = \ p_0\,e^{-\frac{1}{2\sigma^2}\,(y-y_v)^2}$$

onde p_0 é a probabilidade para o particular valor $y_v = y = 73,64\,m$.

As probabilidades para valores y_v quaisquer podem ser calculadas numericamente. Nas tabelas apresentadas a seguir, são mostrados os valores calculados aproximadamente para as probabilidades para os diversos casos possíveis.

Probabilidades de que o primeiro algarismo seja o valor indicado.

1o algarismo	5	6	7	8
Probabilidade	0,00 %	0,16 %	99,84 %	0.00 %

5.7. GRANDEZA SEM INDICAÇÃO DA INCERTEZA

Probabilidades de que o segundo algarismo seja o valor indicado.

2º algarismo	0	1	2	3	4	5	6
Probabilidade	1%	8%	21%	31%	25%	11%	2%

Conforme pode ser visto dos valores calculados, quando se escreve

$$y = 73,64\,m \qquad \text{sendo} \qquad \sigma = 1,23\,m$$

a probabilidade de que o primeiro algarismo seja 7 é 99,84%. Assim, existe certeza quase absoluta de que o algarismo 7 é correto.

A probabilidade de que o segundo algarismo seja 3 é 31%. Portanto, o algarismo 3 também é significativo, porque tem maior probabilidade ser algarismo correto em relação aos demais.

Assim, os dois primeiros algarismos (7 e 3) são significativos, pois têm uma probabilidade bastante diferenciada dos demais algarismos.

Nos caso dos 2 últimos algarismos, são calculadas as probabilidades relativas à probabilidade p_0 para $y = 73,64$.

Probabilidades para o terceiro e para o último algarismo.

y_v	$P(y_v)$
73,04	$0,882\,p_0$
73,14	$0,917\,p_0$
73,24	$0,946\,p_0$
73,34	$0,969\,p_0$
73,44	$0,986\,p_0$
73,54	$0,997\,p_0$
73,64	p_0
73,74	$0,997\,p_0$
73,84	$0,986\,p_0$
73,94	$0,969\,p_0$

y_v	$P(y_v)$
73,60	$0,99944\,p_0$
73,61	$0,99969\,p_0$
73,62	$0,99986\,p_0$
73,63	$0,99997\,p_0$
73,64	p_0
73,65	$0,99997\,p_0$
73,66	$0,99986\,p_0$
73,67	$0,99969\,p_0$
73,68	$0,99944\,p_0$
73,69	$0,99913\,p_0$

76 **CAPÍTULO 5. ALGARISMOS SIGNIFICATIVOS**

Conforme pode ser visto dos resultados, o algarismo 6 tem uma probabilidade um pouco maior de ser algarismo correto, em relação aos outros. Esta probabilidade é cerca de 10% maior em relação ao 0, por exemplo. Assim, pode-se dizer que o algarismo 6 tem algum significado. Entretanto, para o algarismo 4, a probabilidade de que este algarismo seja um algarismo correto é a mesma que para os demais algarismos, para todos os efeitos práticos. Assim, o algarismo 4 não pode ser considerado como algarismo significativo.

Em resumo, quando se escreve $y = 73,64\,m$, sendo $\sigma = 1,23\,m$ a incerteza padrão, os algarismos 7, 3 e 6 em y podem ser considerados significativos, enquanto que o algarismo 4 não tem nenhum significado. Assim, o resultado final deve ser escrito como

$$y = (73,6 \pm 1,2)\,m.$$

Escrever o algarismo 3 na incerteza padrão σ é supérfluo, uma vez que o algarismo correspondente em y não é significativo.

Questões

1. A densidade da água[7] a $0^0\,C$ é $0,99987\ g/cm^3$. Determinar a ordem de grandeza da incerteza padrão porcentual para este resultado, admitindo que este resultado foi escrito conforme a regra apresentada na Seção 5.7.

2. Mostrar que, para omitir a incerteza na *constante universal de gravitação*, conforme a regra apresentada na Seção 5.7, esta constante deve ser escrita como

$$G = 6,67 \times (10^{-11} m^3 s^{-2} kg^{-1})$$

---

[7]Valor obtido na Referência 6.

Capítulo 6

Erros sistemáticos e estatísticos

Resumo
Neste Capítulo, são apresentados os conceitos de erros sistemáticos e erros estatísticos (ou aleatórios). Vários aspectos relacionados são apresentados tais como os conceitos de acurácia (ou exatidão) e de precisão, classificação de erros sistemáticos, distinção entre erros sistemáticos e estatísticos, os conceitos de incerteza de tipo A e de tipo B.

6.1 Valor médio de n resultados

Se a medição de uma determinada grandeza y é repetida n vezes, os n resultados podem ser diferentes, em geral. Isto é, obtém-se um conjunto de resultados que pode ser representado por

$$y_1, \quad y_2, \quad y_3, \quad \cdots, \quad y_{n-1}, \quad y_n.$$

O *valor médio* dos n resultados das medições é definido por

$$\overline{y} = \frac{y_1 + y_2 + y_3 + \cdots + y_{n-1} + y_n}{n} = \frac{\sum_{i=1}^{n} y_i}{n}. \tag{6.1}$$

O valor médio $\overline{y}$ é diferente do valor verdadeiro y_v, como mostrado na Figura 6.1. Em geral, a incerteza associada ao valor médio é menor que a incerteza em cada um dos resultados y_i.

78 CAPÍTULO 6. ERROS SISTEMÁTICOS E ESTATÍSTICOS

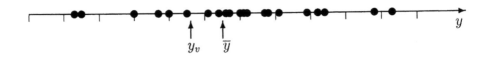

Figura 6.1. *Representação de n resultados y_i. O valor médio é $\bar{y}$ e y_v representa o valor verdadeiro.*

6.2 Erros estatísticos e sistemáticos

Geralmente, ocorrem erros de vários tipos numa mesma medição. Os diferentes tipos de erros podem ser agrupados em 2 grandes grupos que são os *erros sistemáticos* e os *erros estatísticos*[1]. Os erros estatísticos também são chamados *erros aleatórios*.

Considerando n resultados y_i para um mensurando, os erros estatísticos e erros sistemáticos podem ser distinguidos como segue.

• *Erro sistemático* é sempre o mesmo nos n resultados. Isto é, quando existe somente erro sistemático, os n resultados y_i são iguais e a diferença para o valor verdadeiro y_v é sempre a mesma.

• *Erro estatístico* ou *erro aleatório* é um erro tal que os n resultados y_i se distribuem de maneira aleatória em torno do valor verdadeiro y_v, (na ausência de erro sistemático). Conforme o número de repetições da medição aumenta indefinidamente $(n \to \infty)$, o valor médio $\bar{y}$ se aproxima do valor verdadeiro da grandeza[2] (y_v).

---

[1]A distinção entre erro sistemático e erro estatístico é um pouco arbitrária, como discutido na Seção 6.7.

[2]Uma das hipóteses admitida aqui é que o valor médio é "bem definido" para $n \to \infty$, conforme a "Lei dos grandes números" (ver Apêndice A). A outra hipótese admitida é que o valor médio corresponde ao valor da grandeza a ser medida. Podem ocorrer casos muito excepcionais, em que a distribuição de erros estatísticos não é simétrica e o valor médio das medidas não corresponde à grandeza.

6.2. ERROS ESTATÍSTICOS E SISTEMÁTICOS 79

Em geral, numa medição, os dois tipos de erro ocorrem simultaneamente. Neste caso, conforme n aumenta, o valor médio dos resultados se aproxima de um valor definido que é o *valor médio verdadeiro* $\overline{y}_v$. A diferença entre o valor verdadeiro y_v e o valor médio verdadeiro $\overline{y}_v$ é o erro sistemático da medição.

A Figura 6.2 representa resultados de medições com erro estatístico, na ausência de erro sistemático. A Figura 6.3 mostra o efeito de erro sistemático, na ausência de erro estatístico. Nas Figuras 6.4 e 6.5, ambos os tipos de erro estão presentes.

A *acurácia* ou *exatidão*[3] é um conceito qualitativo para descrever quanto o resultado de uma medição é *próximo do valor verdadeiro*. Em outros termos, um valor muito acurado (ou muito exato) é um valor muito próximo do valor verdadeiro, com erro total muito pequeno.

A *precisão* é um conceito qualitativo para caracterizar resultados com erros estatísticos pequenos, com pequena *dispersão* em relação ao valor médio verdadeiro. Em medições com boa precisão, obtém-se resultados com *muitos dígitos e bastante repetitivos*. Entretanto, pode existir erro sistemático grande e a acurácia pode ser ruim.

Como pode ser visto, para ter boa acurácia (ou exatidão), é necessário que a precisão seja boa e, ainda, que os erros sistemáticos sejam pequenos. Isto significa que a precisão é uma condição necessária, mas não suficiente, para medição com bons resultados.

Por exemplo, um multímetro digital pode indicar uma leitura estável e bem repetitiva, tal como $187,4\,V$, numa determinada escala. Se a medição é repetida com um multímetro analógico, o resultado pode ser $183\,V$. A "precisão" do multímetro digital é melhor. Entretanto, pode ocorrer que a acurácia do multímetro analógico seja equivalente ou até melhor que a do multímetro digital. Por exemplo, se o limite de erro do multímetro analógico é $1\,\%$ da leitura e do digital é $2\,\%$, a qualidade do resultado obtido com o multímetro analógico é melhor que a do digital, apesar da precisão deste último.

As palavras "acurácia" ou "exatidão" e respectivos adjetivos caracterizam a *qualidade final* de um resultado. A palavra "precisão" e respectivos adjetivos nunca devem ser usadas com este sentido.

---

[3]A palavra inglêsa "accuracy" é traduzida na Referência 22 como "exatidão". Neste texto, a palavra "acurácia" é mantida como alternativa.

80 CAPÍTULO 6. ERROS SISTEMÁTICOS E ESTATÍSTICOS

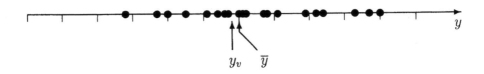

Figura 6.2. *Resultados de medições, quando existe somente erro estatístico. O valor médio $\overline{y}$ se aproxima do valor verdadeiro y_v, conforme o número de medições aumenta.*

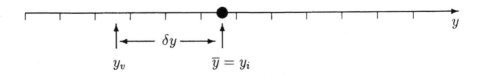

Figura 6.3. *Resultados de medições quando existe somente erro sistemático. O resultado é sempre o mesmo ($y_i = \overline{y}$), mas não é o valor verdadeiro y_v. A precisão é boa, mas a acurácia é ruim.*

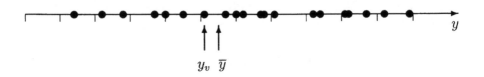

Figura 6.4. *Resultados de medições com precisão ruim (erros estatísticos grandes). O erro sistemático relativamente pequeno, de forma que a acurácia do valor médio $\overline{y}$ pode ser razoável.*

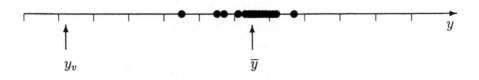

Figura 6.5. *Resultados de medições com precisão razoável e acurácia ruim. O valor médio $\overline{y}$ se distancia do valor verdadeiro y_v.*

6.3 Erros estatísticos

Erros estatísticos (ou aleatórios) resultam de variações aleatórias no resultado da medição, devido a fatores que não podem ser controlados ou que, por qualquer motivo, não são controlados. Em geral, estas variações se devem somente ao processo de medida, mas em certos casos, as variações aleatórias são intrínsecas do próprio mensurando.

Por exemplo, na medição de massa com uma balança, correntes de ar ou vibrações (fatores aleatórios) podem introduzir erro estatístico na medição. Mas, estes erros podem ser reduzidos ou *praticamente eliminados* colocando-se a balança em uma mesa a prova de vibrações e protegendo-se a balança em uma caixa de vidro ou mesmo em vácuo quando se deseja alta precisão.

Se, em certos casos o erro estatístico pode ser reduzido ou praticamente eliminado, em outros casos isto não é possível. Por exemplo, o número de desintegrações que ocorre em 1 minuto em uma amostra de material radiativo é uma quantidade que varia aleatoriamente em torno de um valor médio, conforme uma distribuição de Poisson[4]. Se o *mensurando é este valor médio*, cada medição tem erro estatístico intrínseco, que só pode ser reduzido repetindo-se muitas vezes a medição para melhorar a precisão do valor médio.

A expressão "erro praticamente eliminado" significa erro que foi reduzido de forma a se tornar muito menor que os demais erros envolvidos na medição. Em geral, um erro não pode ser eliminado, mas apenas reduzido.

Erros estatísticos podem ser reduzidos, eliminando ou reduzindo os fatores aleatórios que interferem no processo de medição. Quando isto não é possível, uma solução para reduzir os erros estatísticos consiste em repetir muitas vezes a medição, uma vez que o valor médio de um grande número de resultados tem erro estatístico menor[5]. Além disso, este procedimento de repetir medidas permite avaliar a incerteza estatística no resultado final, a partir da própria flutuação estatística que ocorre nos diferentes resultados[6].

---

[4]Ver Seção 1.6 do Capítulo 1.

[5]Como é mostrado Capítulo 7, o desvio padrão no valor médio é $\sqrt{n}$ vezes menor que o desvio padrão dos resultados de n medições.

[6]A incerteza estatística é o "desvio padrão" no valor médio (ver Seção 7.3).

82   CAPÍTULO 6. ERROS SISTEMÁTICOS E ESTATÍSTICOS

6.4   Erros sistemáticos

Na ausência de erro estatístico, o erro sistemático é a diferença entre o resultado y da medição e o valor verdadeiro y_v ($\eta_s = y - y_v$). Este erro sistemático é o mesmo para qualquer resultado, quando a medição é repetida. Assim, resulta que o efeito de um erro sistemático não pode ser avaliado simplesmente repetindo medições. Por isso, a incerteza relativa aos erros sistemáticos é, em geral, bem mais difícil de ser avaliada que a incerteza estatística.

Erros sistemáticos podem ter causas muito diversas e geralmente se enquadram em um dos tipos definidos a seguir[7].

6.4.1   Erros sistemáticos instrumentais

Erro sistemático instrumental é erro que resulta da calibração do instrumento de medição. Além do erro na calibração inicial do instrumento, deve ser observado que a calibração pode se alterar em função de diversos fatores, tais como temperatura, alteração das características dos materiais e componentes, desgaste de partes móveis e outros.

Por exemplo, uma régua comum apresenta erro sistemático que depende da qualidade da régua. Não basta que a régua seja fabricada com calibração muito boa. A régua deve também ser construída com bom material, de forma que a calibração não se altere ao longo do tempo e não dependa de fatores tais como temperatura, tensões e outros.

Em medições usuais, os erros sistemáticos instrumentais podem ser reduzidos ou praticamente eliminados, por meio de recalibração ou nova aferição do instrumento de medida e correção dos resultados. Entretanto, pode ocorrer que isto seja difícil ou dispendioso, na prática, tornando inviável qualquer recalibração ou correção de resultados.

Em certos casos, erros sistemáticos podem ser eliminados por meio de procedimentos engenhosos. No Exemplo 1, a seguir, o erro sistemático devido a "braços diferentes" de uma balança, pode ser eliminado repetindo a medição de massa em pratos invertidos e extraindo a média geométrica dos resultados. Às vezes, técnica semelhante pode ser usada em medições elétricas, invertendo instrumentos (Exemplo 2).

---

[7]Conforme classificação apresentada na Referência 5.

6.4. ERROS SISTEMÁTICOS

6.4.2 Erros sistemáticos ambientais

Erro sistemático ambiental é o erro devido a efeitos do ambiente sobre a experiência. Fatores ambientais como temperatura, pressão, humidade, aceleração da gravidade, campo magnético terrestre, luz, ruídos eletromagnéticos e outros podem introduzir erro nos resultados de uma medição.

Por exemplo, numa experiência para medir o campo magnético de uma amostra, o instrumento de medição indica o campo magnético total, que é a superposição do campo da amostra e do campo magnético local da terra. O resultado de uma simples medição tem erro sistemático ambiental.

Erros sistemáticos ambientais também podem, em geral, ser reduzidos ou praticamente eliminados se as condições ambientais forem bem conhecidas e, de preferência, controladas. No exemplo acima, se o campo magnético ambiental no laboratório é conhecido, o erro sistemático ambiental pode ser eliminado, corrigindo o resultado final. Seria trabalhoso e desnecessário eliminar o campo magnético ambiental. Entretanto, alguns fatores ambientais como temperatura, humidade, luminosidade, pressão e outros fatores podem ser controlados, além de serem medidos.

Em qualquer processo de medição, é boa prática experimental registrar todas as grandezas ambientais, que possam influir na medição. Assim, deveriam ser sempre registradas as condições do ambiente, tais como temperatura, pressão, humidade, luminosidade, vibração, campo magnético, ruído eletromagnético, radiação nuclear de fundo e outros fatores, quando possam ter qualquer relação com a medição.

6.4.3 Erros sistemáticos observacionais

Erro sistemático observacional é um erro sistemático devido a pequenas falhas de procedimento ou limitações do próprio observador[8].

Um erro sistemático deste tipo é devido ao efeito de *paralaxe* na leitura de escalas de instrumentos. O erro de paralaxe na leitura de um instrumento analógico é devido ao não alinhamento correto entre o olho

---

[8]Este erro não deve ser confundido com enganos ou erros grosseiros que serão discutidos a seguir.

84   CAPÍTULO 6.   ERROS SISTEMÁTICOS E ESTATÍSTICOS

do observador, o indicador da leitura e a escala do instrumento. Podem resultar, por exemplo, leituras sempre sistematicamente maiores que as reais, se o instrumento estiver colocado frontalmente ao observador, mas deslocado à direita. Disparar um cronômetro sempre atrasado na medição de tempo é outro exemplo deste tipo de erro.

Erro deste tipo pode ser reduzido seguindo-se cuidadosamente os procedimentos corretos para uso dos instrumentos. Entretanto, mesmo que os procedimentos corretos sejam escrupulosamente seguidos, ainda poderá existir erro sistemático devido às limitações humanas. O tempo típico de reação do ser humano a um estímulo é da ordem de

$$\tau_t \approx 0,1\,s \qquad (\text{tempo de reação humana}). \qquad (6.2)$$

Assim, um resultado obtido com cronômetro acionado manualmente pode apresentar erro sistemático desta ordem de grandeza. Analogamente, a resolução típica do olho humano normal é da ordem de

$$\theta_s \approx 0,008^0 \cong 0,00014\,rd \qquad (\text{resolução do olho humano}).$$
$$(6.3)$$

Isto significa que o olho humano pode distinguir 2 pontos separados de $0,14\,\mathrm{mm}$ a $1\,\mathrm{m}$ de distância. Esta resolução é muito melhor que a necessária para realizar leituras muito precisas em escalas de instrumentos e, em geral, não resulta em erro significativo, no caso de procedimento cuidadoso.

6.4.4   Erros sistemáticos teórico e outros

Erro teórico é erro que resulta do uso de fórmulas teóricas aproximadas para obtenção dos resultados. Na realização de uma experiência, geralmente é necessário utilizar um modelo para o fenômeno físico em questão. Conforme o modelo adotado, as fórmulas teóricas podem não ser suficientemente exatas. Os resultados obtidos por meio destas fórmulas terão erro que é sistemático, em geral.

Por exemplo, realiza-se uma medição da aceleração da gravidade g por meio de uma experiência de queda livre. Quando se despreza a resistência do ar, a velocidade v em função do tempo t é dada por

$$v = g\,t.$$

6.5. INCERTEZAS SISTEMÁTICAS RESIDUAIS 85

O valor de g que se obtém usando esta fórmula é menor do que o valor que seria obtido usando um modelo que considere o efeito da resistência do ar, como mostrado no Exemplo 3. Assim, o valor de g obtido pela fórmula $v = gt$ tem erro sistemático teórico, devido ao uso de um modelo físico um pouco inadequado.

Um outro tipo de erro sistemático comum é o erro devido à utilização de grandezas físicas com erros significativos. Por exemplo, numa determinada medição, é necessário conhecer o valor da aceleração da gravidade local, que tem um certo erro. Um erro sistemático deste tipo ocorreu na famosa experiência de Millikan, em 1916, para determinação da carga do elétron. O valor encontrado por Millikan era 0,6 % menor, porque o valor usado nos cálculos para a viscosidade do ar era um pouco incorreto. Este erro sistemático foi corrigido 16 anos mais tarde[9].

Em geral, erros sistemáticos teóricos ou devidos a erros em constantes podem ser reduzidos ou praticamente eliminados utilizando-se modelos físicos, fórmulas e valores para as constantes suficientemente exatos para o fenômeno em questão. Entretanto, pode ocorrer que não sejam disponíveis modelos e fórmulas mais adequadas ou valores melhores para as contantes. Também pode ocorrer que a precisão e a acurácia das medições não sejam suficientemente boas para justificar o uso de um modelo melhor.

6.5 Incertezas sistemáticas residuais

Em geral, os erros sistemáticos podem ser reduzidos ou podem ser feitas correções aos resultados finais da medição. Na prática, pode ocorrer que isto seja dispendioso ou complicado ou simplesmente, desnecessário em vista dos objetivos da medição[10].

Erros sistemáticos de qualquer tipo, que não possam ser reduzidos a um valor baixo ou para os quais não seja possível fazer correções são chamados *erros sistemáticos residuais*[11].

---

[9]Maiores detalhes são apresentados na Referência 3, por exemplo.

[10]Em particular, isto é frequente em experiências didáticas, nas quais o interesse maior não é exatamente o resultado da medição.

[11]Relativo a "resíduo" ou "o que restou" depois de feitas todas as correções possíveis. Este tipo de erro é chamado de "erro residual" na Referência 5.

86 CAPÍTULO 6. ERROS SISTEMÁTICOS E ESTATÍSTICOS

As incertezas correspondentes aos erros sistemáticos residuais podem ser denominadas *incertezas sistemáticas residuais*.

As regras para combinar incertezas sistemáticas residuais com estatísticas são discutidas no Capítulos 7 e no Apêndice C. Tais regras são um pouco controvertidas. Neste texto, é adotado o ponto de vista de que *as incertezas sistemáticas residuais devem ser tratadas como incertezas estatísticas,* para efeito de indicar a incerteza padrão no *resultado final* de uma medição [12].

Conforme a definição de erro sistemático residual, os erros sistemáticos teóricos e devidos a constantes físicas com erros não deveriam ser incluídos nesta categoria de erros. Isto porque será sempre possível fazer correções posteriores nos resultados, utilizando melhores modelos, fórmulas ou valores de constantes mais exatos. Por exemplo, o resultado obtido para a carga do elétron na experiência de Millikan foi corrigido somente 16 anos mais tarde.

6.6 Erros grosseiros

Erros grosseiros, também chamados *erros ilegítimos,* não são erros do ponto de vista da teoria de erros. Erros grosseiros são *enganos* que podem ocorrer na medição ou nos cálculos.

Por exemplo, se para um comprimento $y = 47,4\,mm$, o observador fez leitura ou anotou $y = 37,4\,mm$, isto constitui um erro grosseiro.

Quando existir qualquer suspeita de erro grosseiro em alguma leitura de instrumento, esta leitura deve ser repetida, se possível, ou eliminada do conjunto de dados. Critérios estatísticos para a rejeição de resultados de medições são resumidos no Apêndice D.

Eventualmente, podem ocorrer enganos na medição ou nos cálculos. Entretanto, *é inadmissível* apresentar resultados que contenham erros grosseiros. Para evitar erros grosseiros, as regras básicas consistem em *repetir medições e conferir cuidadosamente os cálculos,* além de analisar criteriosamente a consistência dos resultados experimentais, com base em métodos estatísticos e outros métodos.

---

[12]É o ponto de vista da concepção "aleatória", discutida no Apêndice C e Referência 7. Este ponto de vista também é adotado na Referência 20.

6.7 Incertezas tipo A e tipo B

A distinção entre erro sistemático e estatístico é um pouco arbitrária[13]. Conforme as definições apresentadas, o erro estatístico varia de maneira aleatória quando a medida é repetida, enquanto que o erro sistemático é sempre o mesmo. Assim, não é difícil ver que a distinção entre os dois tipos de erros depende do *universo de medidas considerado*.

Por exemplo, o erro de calibração de um instrumento é um erro considerado sistemático, usualmente. Entretanto, quando são consideradas medições com instrumentos semelhantes, mas de diferentes marcas e procedências, espera-se que os erros de calibração sejam estatísticos[14].

Analogamente, determinados erros usualmente considerados como estatísticos podem se tornar sistemáticos em determinadas condições. Por exemplo, num determinado equipamento, flutuações aleatórias da temperatura podem resultar em erro estatístico. Entretanto, pode existir correlação entre a flutuação da temperatura e a própria experiência, resultando em erro sistemático.

Em função da relativa arbitrariedade nas definições de erro estatístico e erro sistemático, tem sido recomendado por organizações internacionais[15] que as incertezas sejam classificadas apenas como incertezas de tipo A e de tipo B. As incertezas de tipo A são aquelas estimadas por métodos estatísticos, enquanto que as de tipo B são estimadas de outras maneiras.

Entretanto, para um determinado processo de medição, as incertezas de tipo A ou de tipo B se referem aos erros usualmente entendidos como estatísticos ou como sistemáticos residuais, respectivamente.

As regras para combinar as incertezas de tipo A com as incertezas de tipo B, ou para combinar as incertezas estatísticas com as incertezas sistemáticas residuais, para se obter a incerteza padrão, são deduzidas na Seção 7.6.

Entretanto, conforme é discutido no Apêndice C, as regras para combinar as incertezas estatísticas com as incertezas sistemáticas residuais são um pouco controvertidas e não são amplamente aceitas.

---

[13]Uma discussão detalhada a respeito é apresentada na Referência 7.

[14]Uma ilustração deste fato é apresentada no Exemplo 4 do Capítulo 9.

[15]Ver Apêndice C e Referências 7, 8 e 20, por exemplo.

CAPÍTULO 6. ERROS SISTEMÁTICOS E ESTATÍSTICOS

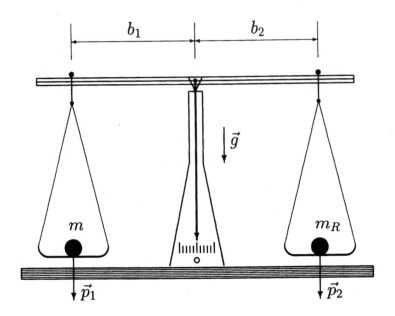

Figura 6.6. *Desenho esquemático de uma balança simples de pratos.*

Exemplo 1. *Balança simples de pratos*

A Figura 6.6 mostra o desenho esquemático de uma balança simples de pratos[16]. A massa *desconhecida* m é colocada em um dos pratos, e no outro prato são colocadas massas conhecidas, cuja soma é a massa de referência m_R. A condição de equilíbrio é indicada pelo fiel da balança indicando zero na escala afixada na coluna central.

O princípio de funcionamento da balança é o equilíbrio de torques em relação ao eixo de apoio. No equilíbrio,

$$m\,g\,b_1 = m_R\,g\,b_2,$$

onde b_1 e b_2 são as distâncias das linhas de ação dos pesos de m e m_R e g é a aceleração da gravidade.

---

[16] Apesar da simplicidade, e talvez por isso mesmo, ainda é o tipo de balança que permite maior acurácia e precisão.

6.7. INCERTEZAS TIPO A E TIPO B

A balança do tipo mostrado é construída de tal forma que os braços são iguais,

$$b_1 = b_2$$

e assim,

$$m = m_R.$$

Isto é, a massa m a ser determinada é igual à massa de referência colocada no outro prato. No equilíbrio, o fiel da balança deve estar exatamente na vertical. Assim, é importante ter a coluna central exatamente na vertical, pois nela está fixada a escala para o fiel.

A medida da massa m está sujeita aos vários tipos de erros estatísticos e sistemáticos, como discutido a seguir.

Erros estatísticos.

• Erro estatístico no ajuste de zero do fiel da balança. Isto é, o ajuste da massa de referência m_R para levar o fiel da balança ao zero nunca é perfeito.

• Correntes de ar resultam em forças diferentes nos pratos. Em geral, estas forças são aleatórias e o erro resultante é estatístico.

• Atrito no apoio e vibrações ambientes afetam um pouco a posição de equilíbrio do fiel, de maneira aleatória.

• Pequenas oscilações dos pratos provocam forças adicionais nos pontos de sustentação do pratos e, portanto, resultam em erros. Se tais oscilações são aleatórias em um ou outro prato, o erro é estatístico.

Em grande parte, os erros mencionados são estatísticos e tendem a diminuir no valor médio dos resultados de muitas medições. Entretanto, uma pequena parte do erro pode ser sistemática, dependendo do procedimento e outros fatores.

Erros sistemáticos

• Erro de calibração das massas de referência, isto é, erro em m_R. Este erro pode ser praticamente eliminado por meio de aferição suficientemente acurada das massas de referência.

90 CAPÍTULO 6. ERROS SISTEMÁTICOS E ESTATÍSTICOS

• Erro devido a coluna central não estar exatamente na vertical. Isto equivale a um deslocamento de *zero* para o fiel da balança. Como a balança é construída de forma que o equilíbrio seja estável, uma pequena diferença nas massas m e m_R resulta em pequeno deslocamento do fiel. Portanto, se o zero está deslocado da linha vertical de apoio, isto equivale a erro na massa.

• Erro no equilíbrio inicial da balança. Antes de realizar a medição, deve-se equilibrar muito bem os pratos. Se um dos pratos está inicialmente mais pesado, isto resultará em erro sistemático nas medições. Uma maneira de reduzir este erro consiste em torná-lo estatístico, repetindo-se a medição várias vezes, mas repetindo em cada vez o procedimento para ajuste do equilíbrio inicial.

• Erro devido a diferença nos braços b_1 e b_2. Uma equação mais exata é

$$m = (\frac{b_2}{b_1})\, m_R \,,$$

de forma que se $b_1 \neq b_2$, há erro sistemático quando se considera simplesmente $m = m_R$. Este erro pode ser evitado com o artifício de repetir a medição, colocando as massas em pratos invertidos. O novo equilíbrio ocorre para massa de referência $m_R^\star$ e

$$m = (\frac{b_1}{b_2})\, m_R^\star \,.$$

Assim, multiplicando as 2 equações para m , obtém-se

$$m^2 = m_R\, m_R^\star \quad \text{ou} \quad m = \sqrt{m_R\, m_R^\star} \,.$$

Isto é, a média geométrica das medidas é independente do erro devido à eventuais diferenças nos comprimentos dos braços.

• Erro devido ao empuxo do ar. O ar atmosférico exerce força de empuxo de maneira análoga à água. Se os volumes da massa m e da massa m_R são diferentes, as forças de empuxo são diferentes, resultando em erro sistemático, que pode ser eliminado por meio de correção no resultado ou colocando a balança em vácuo. Evidentemente, este erro é muito pequeno e só é significativo em medidas de altíssima acurácia ou para medir massa de materiais de densidade muito baixa.

6.7. INCERTEZAS TIPO A E TIPO B 91

- Erro de paralaxe devido ao observador, no caso de procedimento um pouco incorreto ou descuidado.

- Erro devido a pequenas oscilações dos pratos, se o procedimento para medidas provocar oscilações somente num dos pratos.

- Outros erros sistemáticos podem ainda ocorrer. Por exemplo, para determinar a massa de um material ferromagnético, podem existir forças magnéticas devidas a materiais magnetizados nas proximidades ou devido ao próprio campo magnético ambiental.

Os diversos erros sistemáticos podem ser reduzidos ou praticamente eliminados por meio de cuidados experimentais adequados ou correções nos resultados. Entretanto, sempre existe erro sistemático residual.

Uma balança de *alta sensibilidade*[17] permite determinar massas com *muita precisão*, pois ela é capaz de indicar diferenças de massa muito pequenas. Se esta balança for adequadamente protegida de correntes de ar e vibrações, o erro estatístico é pequeno.

Por outro lado, uma balança de alta sensibilidade pode ser ruim no que se refere a calibração das massas de referência, igualdade dos braços e outros fatores que resultam em erros sistemáticos. Assim, esta balança indica a massa m com muitos algarismos e de maneira bastante repetitiva, entretanto, o resultado m pode ter erro sistemático grande. Em resumo, a balança pode ter *alta precisão e acurácia ruim*.

Inversamente, uma balança poderia apresentar erros sistemáticos muitos pequenos, com massas de referência muito bem calibradas e braços perfeitos. Mas, se esta balança tem baixa sensibilidade, os resultados das medições são pouco repetitivos e a a precisão é ruim. Neste caso, o resultado da medição não pode ter boa acurácia.

No caso de uma balança comercial, acurácia e precisão são compatíveis, em geral. Isto é, nenhum fabricante vai construir uma balança de alta precisão e acurácia ruim, ou uma balança com erros sistemáticos muito pequenos e precisão ruim (baixa sensibilidade). Estas mesmas considerações valem para outros instrumentos bem projetados.

---

[17]A sensibilidade da balança é proporcional ao inverso da menor massa δm que, se colocada em um dos pratos, o fiel indica desequilíbrio.

92   CAPÍTULO 6. ERROS SISTEMÁTICOS E ESTATÍSTICOS

Exemplo 2. *Medidas elétricas com instrumentos invertidos.*

Tensões elétricas V_1 e V_2 são medidas simultaneamente usando voltímetros A e B, em faixas de medição semelhantes. Os instrumentos podem ter erros sistemáticos de calibração e as leituras são incorretas por fatores multiplicativos desconhecidos α e β, respectivamente. Se os instrumentos não apresentam *desvios de linearidade*, os fatores multiplicativos α e β são constantes[18].

Numa primeira medição, as leituras dos voltímetros A e B são respectivamente V_{1A} e V_{2B}, e assim,

$$V_1 = \alpha V_{1A} \qquad e \qquad V_2 = \beta V_{2B}.$$

Repetindo a medição, com os voltímetros invertidos de posição, as leituras são V_{1B} e V_{2A} e

$$V_1 = \beta V_{1B} \qquad e \qquad V_2 = \alpha V_{2A}.$$

Calculando a razão V_1/V_2 nos dois casos, multiplicando as equações e extraindo a raiz quadrada, obtém-se

$$\frac{V_1}{V_2} = \sqrt{\left(\frac{V_{1A}}{V_{2B}}\right)\left(\frac{V_{1B}}{V_{2A}}\right)}.$$

Isto é, a razão (V_1/V_2), calculada como a *média geométrica* das razões correspondentes em cada medição, é independente dos erros de calibração do tipo mencionado (α e β constantes). Assim, mesmo que os fatores multiplicativos α e β sejam desconhecidos, o erro sistemático é eliminado. Se α e β não são constantes (desvios de linearidade), os erros não podem ser compensado por esta técnica. Além disso, escalas utilizadas não devem ser alteradas na inversão dos instrumentos.

Uma situação típica é aquela em que V_1 é a tensão elétrica em um transdutor ou detector, enquanto que a tensão V_2 é a tensão em uma resistência R. A razão V_1/V_2 pode ser obtida independentemente dos erros de calibração dos voltímetros (ou canais de osciloscópio), desde que não existam desvios de linearidade relevantes.

---

[18]Ver discussão a respeito no Capítulo 9.

6.7. INCERTEZAS TIPO A E TIPO B

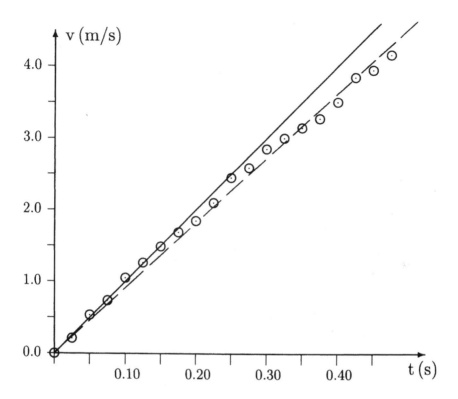

Figura 6.7. *Resultados para v em função de t. A reta tracejada $v = g_0\, t$ é ajustada a todos os pontos experimentais, enquanto que a reta contínua é ajustada apenas aos pontos iniciais.*

Exemplo 3. *Erro sistemático teórico na medição de g.*

Se existir um *pequeno* efeito de resistência do ar no movimento de queda livre de uma massa m, em primeira aproximação, a expressão para a velocidade pode ser escrita na forma[19]

$$v \cong g\,t - \alpha\, t^2 \quad (\text{para} \quad \alpha t \ll g),$$

onde g é a aceleração da gravidade local e α é um coeficiente positivo que depende da massa m, da forma do corpo, da viscosidade do ar, do grau de turbulência e de outros fatores.

---
[19] Ver Seção 2.6 da Referência 15, por exemplo.

94 CAPÍTULO 6. ERROS SISTEMÁTICOS E ESTATÍSTICOS

A Figura 6.7 mostra resultados experimentais obtidos para a velocidade v em função do tempo t. Uma pequena flutuação dos pontos experimentais é devida aos erros estatísticos.

A equação para v mostra que os pontos experimentais devem seguir uma parábola com concavidade para baixo, aproximadamente.

Um método simples[20] para obter o valor g para a aceleração da gravidade a partir do gráfico é explicado a seguir.

Calculando a derivada de v em relação a t, obtém-se

$$\frac{dv}{dt} = g_1 - \frac{\alpha}{2}t.$$

Isto significa que o valor g_1 pode ser obtido traçando uma reta tangente à curva em $t = 0$. Isto é, o valor g_1 é o coeficiente angular da reta que se ajusta bem *aos pontos iniciais* do gráfico, que é a reta contínua mostrada na Figura 6.7.

Entretanto, quando os dados experimentais são analisados *desprezando a resistência do ar*, a velocidade é dada por

$$v = g_0\, t.$$

Neste caso, g_0 é obtido como o coeficiente angular da reta ajustada a *todos os pontos experimentais*, que é a reta tracejada na Figura 6.7. Como pode ser visto, resulta um valor g_0 menor do que g_1, que é o valor mais correto. Em resumo, quando se despreza a resistência do ar, existe um erro sistemático

$$\eta = (g_0 - g).$$

Este é um exemplo de erro sistemático teórico, que pode ocorrer se o observador utiliza um modelo inadequado, no qual a resistência do ar é desprezada.

Neste exemplo, é relativamente fácil levar em conta a resistência do ar, eliminando assim o erro η. Mas ocorrem situações bem mais complicadas, nas quais nem existem modelos mais elaborados para serem utilizados, ou existem, mas são muito complicados.

---

[20]Um método mais rigoroso para obter o valor experimental de g consiste em ajustar uma parábola aos pontos experimentais, conforme o "método dos mínimos quadrados", descrito no Capítulo 13.

Capítulo 7

Valor médio e desvio padrão

Resumo
Neste capítulo são definidos os conceitos mais importantes com relação a erros estatísticos, tais como valor médio verdadeiro (ou média limite), desvio padrão de um conjunto de resultados de medições, estimativa experimental para o desvio padrão e desvio padrão do valor médio. A incerteza padrão é definida a partir desvio padrão no valor médio e da incerteza sistemática residual.

7.1 Valor médio verdadeiro

Por *medições em condições de repetitividade*[1] entende-se medições de um mesmo mensurando, repetidas pelo mesmo experimentador, com os mesmos instrumentos e nas mesmas condições ambientais. Medições deste tipo serão denominadas "medições idênticas", para simplificar um pouco o texto. Devido a erros estatísticos, os resultados das n medições são diferentes, em geral. Indicando os resultados por

$$y_1, \; y_2, \; \ldots, \; y_i, \; \ldots, \; y_n,$$

o *valor médio* é dado por:

$$\overline{y} = \frac{\sum_{i=1}^{n} y_i}{n}. \tag{7.1}$$

---

[1]Alguns termos técnicos de metrologia são apresentados no Apêndice B.

CAPÍTULO 7. VALOR MÉDIO E DESVIO PADRÃO

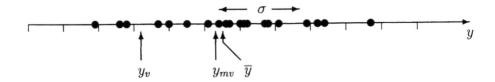

Figura 7.1. *O valor médio $\bar{y}$ será tanto mais próximo de y_{mv} quanto maior for o número de medições. Entretanto, y_v pode ser bem diferente de y_{mv}, devido a erro sistemático.*

Espera-se que o valor médio $\bar{y}$ se torne tanto mais preciso quanto maior for o número n de medições[2]. Este valor limite é definido como o *valor médio verdadeiro*:

$$y_{mv} = \lim_{n \to \infty} \bar{y}. \tag{7.2}$$

Na prática, o número n de medições não pode ser infinito. Assim, é evidente que o *valor médio verdadeiro é uma quantidade sempre desconhecida*.

O *valor médio verdadeiro* também é chamado *média limite*, expressão que é consequência direta da definição acima.

Para um conjunto de medições idênticas de um mensurando, pode existir erro sistemático. Por isso, o valor médio verdadeiro y_{mv} não é o valor verdadeiro y_v da grandeza. A diferença entre o valor verdadeiro e o valor médio verdadeiro é o erro sistemático associado ao processo de medição[3].

Evidentemente, o valor médio $\bar{y}$ de um conjunto de n medições idênticas é sempre uma *aproximação* para o valor médio verdadeiro y_{mv}. Nas discussões e deduções apresentadas a seguir, é admitido que:

A melhor estimativa para o valor médio verdadeiro y_{mv}, que pode ser obtida a partir de n medições idênticas é o valor médio $\bar{y}$.

---

[2]Conforme a "Lei dos grandes números", apresentada no Apêndice A.

[3]Uma vez que o erro sistemático é o mesmo para todas as medições idênticas, este erro se torna uma característica do processo de medição considerado.

7.2. DESVIO PADRÃO PARA N MEDIÇÕES

Esta é uma afirmação quase óbvia, mas que pode ser deduzida a partir de um princípio mais geral chamado *Método de Máxima Verossimilhança*. O problema é discutido com mais detalhes no Capítulo 10.

A questão é mais complicada quando as medições *não são idênticas*. Neste caso, as incertezas para cada resultado y_i podem ser diferentes e, conforme mostrado no Capítulo 11, a média simples não é a melhor estimativa para y_{mv}.

7.2 Desvio padrão para n medições

O *desvio* d_i de um resultado y_i é definido por

$$d_i = y_i - y_{mv}.$$

(7.3)

Uma vez que o valor médio verdadeiro y_{mv} é desconhecido, é claro que o desvio d_i também é desconhecido. Assim, a melhor aproximação para o desvio é obtida substituindo-se na definição acima o valor y_{mv} por $\overline{y}$.

A *média dos desvios* $\overline{d}$ é dada por

$$\overline{d} = \frac{\sum_{i=1}^{n} (y_i - y_{mv})}{n} = \frac{\sum_{i=1}^{n} y_i}{n} - \frac{\sum_{i=1}^{n} y_{mv}}{n} = (\overline{y} - y_{mv}).$$

Uma vez que $\overline{y}$ se aproxima de y_{mv} para grande número de medições, resulta que a média dos desvios tende a se anular.

A *variância associada ao processo de medição* é definida por

$$\sigma_v^2 = \lim_{n \to \infty} \frac{1}{n} \sum_{i=1}^{n} (y_i - y_{mv})^2.$$

(7.4)

Isto é, a variância é a *média dos quadrados dos desvios* quando o número de medições tende a infinito. O *desvio padrão* σ_v *para o processo de medição* é definido como a raiz quadrada da variância.

As quantidades σ_v^2 e σ_v são os *valores verdadeiros* da variância e do desvio padrão associados ao particular processo de medição. Tais quantidades são desconhecidas, em princípio.

98 CAPÍTULO 7. VALOR MÉDIO E DESVIO PADRÃO

Para um conjunto determinado de medições realizadas, o número n é bem determinado e finito. Neste caso, a *variância do conjunto de medições* é definida por

$$\sigma^2 = \frac{1}{n} \sum_{i=1}^{n} (y_i - y_{mv})^2 \tag{7.5}$$

e o *desvio padrão do conjunto de medições* é

$$\sigma = +\sqrt{\sigma^2}$$

A variância σ^2 é a média dos quadrados dos desvios, enquanto que o desvio padrão é a raiz quadrada desta média. Por isso, o desvio padrão também é chamado *desvio médio quadrático*.

As definições de variância e desvio padrão não têm interesse prático imediato porque envolvem o valor médio verdadeiro, que é uma quantidade desconhecida.

Medida de dispersão é uma quantidade que indica quanto os resultados y_i se espalham (ou se dispersam) em relação ao valor médio verdadeiro y_{mv}, por causa de erros estatísticos. O desvio padrão é a quantidade mais utilizada para caracterizar a dispersão de um conjunto de medições.

O *desvio médio* é uma outra medida de dispersão definida por

$$d_m = \frac{\sum_{i=1}^{n} |y_i - y_{mv}|}{n}, \tag{7.6}$$

isto é, a média dos módulos dos desvios. Entretanto, o desvio médio não tem muito interesse prático. Conforme mostrado no Capítulo 11, a *soma dos quadrados dos desvios* é uma quantidade muito mais interessante que a *soma dos módulos dos desvios,* na análise estatística de dados experimentais[4]. Além disso, a presença de módulo torna a expressão inconveniente em cálculos analíticos.

A média dos desvios $\bar{d}$ tende a se anular conforme o número de medições aumenta e assim, esta quantidade não pode ser utilizada como medida da dispersão.

---

[4]Em particular, isto é mostrado em um caso simples, discutido no Exemplo 3 do Capítulo 11.

7.3 Desvio padrão do valor médio

Considerando n resultados de medições, o desvio padrão σ_m do valor médio $\overline{y}$ pode ser definido, admitindo que o conjunto de n medições é repetido k vezes. Podem ser considerados k valores médios correspondentes aos k conjuntos de n medições:

$$\overline{y_1} , \; \overline{y_2} , \; \overline{y_3} , \cdots \overline{y_j} , \cdots , \overline{y_k} .$$

O *desvio padrão do valor médio* é definido pela Equação 7.5:

$$\sigma_m^2 = \frac{\sum_{j=1}^{k} (\overline{y_j} - y_{mv})^2}{k} , \tag{7.7}$$

onde cada $\overline{y_j}$ é uma média de n valores y_{ij} para o j-ésimo conjunto de medições, sendo y_{ij} o i-ésimo resultado do j-ésimo conjunto de medições. Assim,

$$\overline{y_j} = \frac{\sum_{i=1}^{n} y_{ij}}{n}$$

Substituindo $\overline{y_j}$ na Equação 7.7, obtém-se

$$\begin{aligned}
\sigma_m^2 &= \frac{1}{k} \sum_{j=1}^{k} \left(\frac{1}{n} \sum_{i=1}^{n} y_{ij} - y_{mv} \right)^2 \\
&= \frac{1}{k} \sum_{j=1}^{k} \frac{1}{n^2} \left[\sum_{i=1}^{n} y_{ij} - y_{mv} \right]^2 \\
&= \frac{1}{kn^2} \sum_{j=1}^{k} \sum_{i=1}^{n} (y_{ij} - y_{mv})^2 + \\
&\quad \frac{2}{kn^2} \sum_{i=1}^{n} \sum_{i^*=1,\, i^* \neq i}^{n} (y_{ij} - y_{mv})(y_{i^* j} - y_{mv})
\end{aligned}$$

O segundo termo tende a se anular quando n é um número grande, pois os desvios $(y_{ij} - y_{mv})$ e $(y_{i^* j} - y_{mv})$ são quantidades que se distribuem aleatoriamente em torno de zero e são independentes entre si. Isto é, o segundo termo é uma soma de quantidades aleatórias (positivas ou negativas) e próximas de zero, de forma que a soma deve se anular quando o número n é muito grande. Assim,

$$\sigma_m^2 \cong \frac{1}{kn} \sum_{j=1}^{k} \left[\frac{1}{n} \sum_{i=1}^{n} (y_{ij} - y_{mv})^2 \right] . \tag{7.8}$$

CAPÍTULO 7. VALOR MÉDIO E DESVIO PADRÃO

O termo

$$\frac{1}{n} \left[\sum_{i=1}^{n} (y_{ij} - y_{mv})^2 \right] = \sigma_j^2 \qquad (7.9)$$

é a variância dos resultados para o j-ésimo conjunto de medições. Se os k conjuntos de medições são similares, espera-se que os desvios padrões sejam aproximadamente iguais. Assim,

$$\sigma_1^2 \cong \sigma_2^2 \cong \cdots \cong \sigma_k^2 \cong \sigma^2 \qquad (7.10)$$

e

$$\frac{1}{k} \sum_{j=1}^{k} \frac{1}{n} \sum_{i=1}^{n} (y_{ij} - y_{mv})^2 = \frac{1}{k} \sum_{j=1}^{k} \sigma_j^2 \cong \sigma^2 . \qquad (7.11)$$

Substituindo este resultado na Equação 7.8, obtém-se

$$\sigma_m^2 \cong \frac{\sigma^2}{n}$$

ou

$$\sigma_m \cong \frac{\sigma}{\sqrt{n}} . \qquad (7.12)$$

Como pode ser visto, o *desvio padrão do valor médio* é $\sqrt{n}$ vezes menor que *desvio padrão do conjunto de medições*. Por exemplo, se σ é o desvio padrão para um conjunto de 25 medições, o desvio padrão σ_m do valor médio é $\sigma/5$, isto é, 5 vezes menor.

O *desvio padrão do valor médio* de uma grandeza é a incerteza final correspondente aos *erros estatísticos* nas medições. Na ausência de erros sistemáticos, o *desvio padrão do valor médio* é a *incerteza padrão* no resultado final.

Quando existem erros sistemáticos, a *variância* σ_m^2 dada por 7.12 é a variância correspondente aos *erros estatísticos* somente. Neste caso, a incerteza padrão no resultado final depende também da incerteza sistemática residual. Esta incerteza padrão pode ser obtida conforme as regras apresentadas na Seção 7.6 e no Apêndice C.

7.4 Desvio padrão experimental

Na prática, a expressão 7.5 para o desvio padrão do conjunto de medições é inútil, pois o valor médio verdadeiro y_{mv} é desconhecido. Uma vez que o valor médio $\overline{y}$ é próximo de y_{mv}, é possível deduzir uma expressão mais útil para o desvio padrão, como mostrado a seguir.

$$\sigma^2 = \frac{1}{n} \sum_{i=1}^{n} (y_i - y_{mv})^2 = \frac{1}{n} \sum_{i=1}^{n} [(y_i - \overline{y}) + (\overline{y} - y_{mv})]^2$$

$$= \frac{1}{n} \sum_{i=1}^{n} (y_i - \overline{y})^2 + \frac{2}{n} \sum_{i=1}^{n} (y_i - \overline{y})(\overline{y} - y_{mv}) + \frac{1}{n} \sum_{i=1}^{n} (\overline{y} - y_{mv})^2.$$

Lembrando que qualquer quantidade que não tem índice i pode ser colocada em evidência em somatória e observando que

$$\frac{1}{n} \sum_{i=1}^{n} y_i = \overline{y} \qquad e \qquad \frac{1}{n} \sum_{i=1}^{n} 1 = \frac{1}{n} n = 1,$$

resulta que o segundo termo na expressão para σ^2 se anula. Assim,

$$\sigma^2 = \frac{\sum_{i=1}^{n} (y_i - \overline{y})^2}{n} + (\overline{y} - y_{mv})^2. \qquad (7.13)$$

Esta expressão depende da quantidade desconhecida y_{mv}. O segundo termo tende a se anular para grandes valores de n, mas pode ser significativo para pequenos valores de n. Para tornar a equação independente de y_{mv}, é necessário fazer algum tipo de *estimativa* para $(\overline{y} - y_{mv})^2$. Uma boa estimativa é obtida pela substituição:

$$(\overline{y} - y_{mv})^2 \implies \sigma_m^2, \qquad (7.14)$$

onde σ_m é o desvio padrão do valor médio $\overline{y}$. Esta substituição não significa que há uma identidade matemática entre as quantidades. Apenas significa que é *o melhor que pode ser feito*, uma vez que y_{mv} é desconhecido. Isto é, o quadrado do desvio $(\overline{y} - y_{mv})^2$ é substituido pelo *valor médio* dos quadrados dos desvios que é σ_m^2, por definição. O desvio padrão no valor médio $\overline{y}$ é dado pela Equação 7.12:

$$\sigma_m = \frac{\sigma}{\sqrt{n}}.$$

102   CAPÍTULO 7. VALOR MÉDIO E DESVIO PADRÃO

Substituindo na Equação 7.13 e resolvendo para σ^2, obtém-se

$$\sigma^2 \cong \frac{1}{n-1} \sum_{i=1}^{n} (y_i - \bar{y})^2 . \tag{7.15}$$

O desvio padrão calculado por esta equação é a *melhor estimativa experimental* para o desvio padrão definido pela Equação 7.5.

As diferenças entre as Equações 7.5, 7.13 e 7.15 não são relevantes para grandes valores de n, pois neste caso $n \cong (n-1)$ e $\bar{y} \cong y_{mv}$.

A Equação 7.15 pode também ser escrita como

$$\sigma^2 \cong \frac{1}{n-1} \sum_{i=1}^{n} y_i^2 - \frac{n}{n-1} \bar{y}^2 . \tag{7.16}$$

Esta expressão pode ser demonstrada diretamente da Equação 7.15. Embora esta expressão seja aparentemente mais complicada, é mais simples de ser utilizada em cálculos, pois em lugar da somatória de $(y_i - \bar{y})^2$, deve-se fazer a somatória de y_i^2, o que é bem mais simples.

7.5   Limite de erro estatístico

O *limite de erro estatístico* para o valor médio $\bar{y}$ é definido por[5]

$$L_e = 3\,\sigma_m , \tag{7.17}$$

onde σ_m é o desvio padrão no valor médio $\bar{y}$. Se os erros estatísticos seguem distribuição gaussiana, o limite de erro estatístico permite estabelecer um intervalo de confiança com coeficiente de confiança de $99,7\,\%$, aproximadamente[6]. Isto é,

$$\bar{y} - L_e < y_{mv} < \bar{y} + L_e \quad (\text{ com confiança } P \approx 99,7\,\%)$$

Em outras palavras, existe aproximadamente 1 chance em 370, de que y_{mv} esteja fora deste intervalo. Na prática, isto representa uma probabilidade pequena, o que justifica a expressão *limite de erro estatístico* para a quantidade $L_e = 3\sigma_m$.

---

[5]Ver Referências 1 e 5, por exemplo.

[6]Ver Seção 4.4 e Figura 4.1.

7.6 A incerteza padrão

Em princípio, os *erros sistemáticos* podem ser eliminados do resultado final por melhoria na acurácia do processo de medição ou por correções no próprio resultado, quando for possível conhecer as correções. Uma vez que todas melhorias e correções viáveis tenham sido realizadas, podem restar ainda os *erros sistemáticos residuais*.

Erro sistemático residual é sistemático *para um particular conjunto de medições idênticas*. Entretanto, pode-se considerar k conjuntos de n medições de uma grandeza, tais que os diferentes conjuntos de medições são obtidos por diferentes observadores, por meio de instrumentos semelhantes e em ambientes diferentes. Espera-se que o erro sistemático para *um particular conjunto* de medições deve se tornar estatístico quando se considera um *universo mais amplo de conjuntos de medições*.

A *incerteza padrão* σ_p em uma grandeza pode ser definida como o desvio padrão do valor médio de n medições definido pela Equação 7.7, mas com relação ao *valor verdadeiro* y_v e tendo em vista k conjuntos de medições, realizadas por diferentes experimentadores, por meio de instrumentos semelhantes e em ambientes diferentes. Assim, a incerteza padrão é dada por

$$\sigma_p^2 = \frac{\sum_{j=1}^{k} \left(\overline{y_j} - y_v \right)^2}{k}, \tag{7.18}$$

onde $\overline{y_j}$ é o valor médio do j-ésimo conjunto de medições. Indicando por μ_j o valor médio verdadeiro correspondente ao j-ésimo conjunto de medições [7] a expressão acima pode ser expandida na forma

$$
\begin{aligned}
\sigma_p^2 &= \frac{\sum_{j=1}^{k} \left[\left(\overline{y_j} - \mu_j \right) - \left(\mu_j - y_v \right) \right]^2}{k} \\
&= \frac{\sum_{j=1}^{k} \left(\overline{y_j} - \mu_j \right)^2}{k} + \frac{\sum_{j=1}^{k} (\mu_j - y_v)^2}{k} - 2\frac{\sum_{j=1}^{k} (\overline{y_j} - \mu_j)(\mu_j - y_v)}{k},
\end{aligned}
$$

onde $(\overline{y_j} - \mu_j)$ é o erro estatístico da média em relação à média verdadeira, para o j-ésimo conjunto de medições, enquanto que $(\mu_j - y_v)$ é o *erro sistemático* do j-ésimo conjunto de medições.

---

[7] O valor médio verdadeiro pode ser diferente para cada conjunto de medições.

104 CAPÍTULO 7. VALOR MÉDIO E DESVIO PADRÃO

As somas $\sum(\overline{y_j} - \mu_j)$ e $\sum(\mu_j - y_v)$, isoladamente devem se anular para grandes valores de k. Por outro lado, os desvios $d_j = (\overline{y_j} - \mu_j)$ e $D_j = (\mu_j - y_v)$ são quantidades *completamente independentes*, pois d_j é relacionado somente com erros estatísticos, enquanto D_j é relacionado somente com erro sistemático. Como os d_j e os D_j são quantidades que se distribuem aleatoriamente em torno de zero e são independentes, os produtos $(d_j D_j)$ também devem ser quantidades que se distribuem aleatoriamente em torno de zero e a soma deve se anular para grandes valores de k. Assim, o último termo na equação deve ser nulo.

O primeiro termo na expressão para σ_p^2 é a média dos quadrados dos desvios entre cada valor médio e o respectivo valor médio verdadeiro. Admitindo que cada conjunto de medições tem a mesma distribuição de erros estatísticos em relação ao respectivo valor médio, resulta que o primeiro termo é a variância σ_m^2 associada aos valores médios:

$$\sigma_m^2 \cong \frac{\sum_{j=1}^{k} (\overline{y_j} - \mu_j)^2}{k}. \tag{7.19}$$

O segundo termo na expressão para σ_p^2 é a média dos quadrados dos desvios entre o valor médio verdadeiro de cada conjunto de medições e o valor verdadeiro da grandeza. Esta quantidade *pode ser definida como a variância* σ_r^2 *associada aos erros sistemáticos residuais*:

$$\sigma_r^2 = \frac{\sum_{j=1}^{k} (\mu_j - y_v)^2}{k}. \tag{7.20}$$

Isto é, σ_r^2 é o valor médio dos quadrados dos erros sistemáticos residuais. Esta definição é instrutiva do ponto de vista conceitual, mas tem pouco interesse prático, no sentido de determinar σ_r. Geralmente, é totalmente inviável repetir medições com diferentes instrumentos similares, por meio de diferentes observadores e em diferentes condições ambientais[8].

---

[8]O Exemplo 4 do Capítulo 9 apresenta os resultados de 87 medições de um determinado comprimento repetidas por diferentes pessoas, com réguas diferentes e em condições ambientais diferentes. Esta experiência é descrita na Referência 16 e, evidentemente, não foi realizada com objetivos práticos.

7.7. INCERTEZA SISTEMÁTICA RESIDUAL 105

Assim, substituindo os termos na expressão para σ_p^2, obtém-se

$$\sigma_p^2 = \sigma_m^2 + \sigma_r^2.$$ (7.21)

Esta regra para combinar incerteza estatística e incerteza sistemática residual está de acordo com as recomendações dadas na Referência 20. Esta publicação é patrocinada pelo Bureau International de Poids and Mesures (BIPM)[9] e por várias organizações internacionais. Entretanto, esta regra para combinar incertezas não é plenamente aceita. Uma discussão adicional sobre o assunto é apresentada no Apêndice C.

Independentemente da regra utilizada para combinar incertezas, a incerteza estatística e as eventuais incertezas sistemáticas residuais *devem ser especificadas separadamente,* quando um resultado é apresentado. Além disso, a regra utilizada para combinar estas incertezas para obter a incerteza final, deve ser explicitamente mencionada.

7.7 Incerteza sistemática residual

A variância σ_m^2 correspondente a erros estatísticos pode ser determinada repetindo-se as medições n vezes e usando as Equações 7.15 e 7.12. Isto é, a variância estatística σ_m^2 pode ser obtida a partir dos próprios resultados obtidos em repetições do processo de medição considerado.

Por outro lado, a variância σ_r^2 correspondente aos erros sistemáticos residuais é bem mais difícil de ser determinada e não existindo nenhum método padrão bem estabelecido para isso, exceto o bom senso.

Geralmente, uma análise cuidadosa da acurácia dos instrumentos e do processo de medição permite estimar um *limite de erro* L_r correspondente aos erros sistemáticos residuais e fazer alguma hipótese sobre a distribuição de erros. A seguir são resumidas algumas relações gerais, apresentadas na Seção 4.5, que podem ser usadas para estimar variância σ_r^2, a partir de um limite de erro sistemático residual L_r.

---

[9]O Bureau Internacional de Pesos e Medidas tem sede em Sèvres na França e foi fundado por um tratado assinado em 1875 para assegurar a unificação internacional e melhoria do sistema métrico de unidades. Desde então é a entidade responsável pelo Sistema Internacional de Unidades (SI).

106   *CAPÍTULO 7. VALOR MÉDIO E DESVIO PADRÃO*

No caso de distribuição gaussiana de erros e um "limite de erro" com aproximadamente 95 % de confiança

$$L_r \cong 2\,\sigma_r\,.$$ (7.22)

Para um "limite de erro" com mais de 99 % de confiança, pode ser usada a relação:

$$L_r \cong 3\,\sigma_r\,.$$ (7.23)

No caso em que a distribuição de erro é admitida como retangular, pode ser utilizada a relação

$$L_r = \sqrt{3}\,\sigma_r \cong 1,73\,\sigma_r\,.$$ (7.24)

Para uma distribuição de erros triangular:

$$L_r = \sqrt{6}\,\sigma_r \cong 2,45\,\sigma_r\,.$$ (7.25)

Em geral, é possível estimar um limite de erro para um determinado erro sistemático residual. Entretanto, deve ser feita também alguma hipótese sobre a distribuição de erros, o que é bem mais difícil, em geral. Com frequência, a relação 7.22 é usada como regra geral.

7.8   Incertezas relativas

Uma incerteza é frequentemente indicada na forma de *incerteza relativa* ou *incerteza porcentual*. A *incerteza relativa* é definida por

$$\varepsilon = \frac{\sigma}{y}\,,$$ (7.26)

onde σ é a incerteza em questão e y o valor experimental para a grandeza. A *incerteza porcentual* é

$$\varepsilon\,(\%) = 100\,\varepsilon = 100\,\frac{\sigma}{y}\,.$$ (7.27)

Estas definições são gerais e se aplicam a desvio padrão, incerteza padrão e limite de erro.

7.9 Resumo

O valor verdadeiro y_v de uma grandeza é considerado desconhecido, assim como o valor médio verdadeiro (ou média limite) y_{mv} para um particular processo de medição.

Para um conjunto de n resultados de medições idênticas:

$$y_1, \ y_2, \ y_3, \ \cdots, \ y_i, \ \cdots, \ y_n,$$

a melhor estimativa para o valor médio verdadeiro é o *valor médio*:

$$\bar{y} = \frac{1}{n} \sum_{i=1}^{n} y_i.$$

O desvio padrão σ do conjunto de medições é definido por

$$\sigma^2 = \frac{1}{n} \sum_{i=1}^{n} (y_i - y_{mv})^2.$$

A melhor estimativa experimental para o desvio padrão σ *do conjunto de medições* é dada por:

$$\sigma^2 \cong \frac{1}{n-1} \sum_{i=1}^{n} (y_i - \bar{y})^2 = \frac{1}{n-1} \sum_{i=1}^{n} y_i^2 - \frac{n}{n-1} \bar{y}^2$$

A melhor estimativa para o desvio padrão σ_m *do valor médio* $\bar{y}$ é

$$\sigma_m = \frac{\sigma}{\sqrt{n}}.$$

O erro sistemático residual é o erro sistemático para o qual, *definitivamente* não seja possível fazer correções. A incerteza sistemática residual σ_r pode ser estimada conforme regras gerais apresentadas nas Seções 4.5 e 7.7.

A *incerteza padrão* σ_p pode ser obtida a partir da soma da variância estatística e da variância sistemática residual:

$$\sigma_p^2 = \sigma_m^2 + \sigma_r^2.$$

A incerteza estatística σ_m e a incerteza sistemática residual σ_r também devem ser explicitamente mencionadas, bem como as regras utilizadas para determinar estas incertezas e para combiná-las.

108 CAPÍTULO 7. VALOR MÉDIO E DESVIO PADRÃO

Exemplo 1. *Medição do período de um pêndulo com um cronômetro.*

O tempo Δt para 10 oscilações de um pêndulo simples foi medido 8 vezes, usando um cronômetro digital. Os resultados das leituras Δt_i estão na Tabela 7.1, junto com os resultados $T_i = \Delta t/10$ para o período T do pêndulo..

Tabela 7.1. *Leituras Δt_i e valores obtidos T_i.*

i	1	2	3	4	5	6	7	8
Δt_i (s)	32,75	32,40	29,82	30,22	31,57	31,59	30,02	31,95
T_i (s)	3,275	3,240	2,982	3,022	3,157	3,159	3,002	3,195

O valor médio dos 8 resultados T_i é

$$\overline{T} = \frac{\sum_{i=1}^{n} T_i}{n} = \frac{25,032}{8}\, s = 3,1290\, s$$

e o desvio padrão é obtido por

$$\sigma^2 = \frac{1}{n-1} \sum_{i=1}^{n} T_i^2 - \frac{n}{n-1}\overline{T}^2 = \left(\frac{78,414}{7} - \frac{8}{7} 9,7906 \right) s^2 = 0,01270\, s^2$$

Nem todos os algarismos mostrados até aqui são significativos, mas antes de se chegar ao resultado final, é preferível ter excesso de algarismos, do que correr o risco de omitir algarismos significativos.

A melhor estimativa para o desvio padrão das medições é

$$\sigma = \sqrt{0,01270}\, s = 0,11\, s$$

e o desvio padrão no valor médio é dado por

$$\sigma_m = \frac{\sigma}{\sqrt{n}} = \frac{0,11}{\sqrt{8}}\, s = 0,039\, s\,.$$

Eventuais erros sistemáticos devem ser determinados e o resultado corrigido. Por exemplo, o cronômetro pode apresentar erro de calibração. Pode-se supor, por exemplo, que seja verificado por aferição

7.9. RESUMO

posterior, que o cronômetro "atrasa" 20 segundos em 1 hora[10]. Isto é, o cronômetro indicará 3580 segundos para um tempo real de 3600 segundos. Assim, as leituras feitas neste cronômetro devem ser multiplicadas por (3600/3580) para se obter o valor corrigido. O valor médio para o período é então

$$\overline{T} = \frac{3600}{3580} 3,1290 \ s = 3,1465 \ .$$

Mas nem sempre é possível determinar o erro sistemático e fazer a correção correspondente, como é mostrado a seguir em um exemplo.

Um possível erro sistemático que pode ocorrer é de tipo observacional, isto é, devido ao observador. Por exemplo, se o observador dispara o cronômetro sempre um pouco atrasado, mas para o cronômetro corretamente, então os intervalos de tempo medidos são *sistematicamente* menores que os reais. Se existir suspeita de que há um erro sistemático grande deste tipo, o melhor procedimento é refazer as medidas, pois é muito difícil determinar a correção a ser feita neste caso.

Entretanto, por mais correto que seja o procedimento de cronometragem, pode existir um erro sistemático residual, pois o cronômetro é disparado e parado manualmente. O tempo de reação humana é da ordem de 0,1 segundo (Ver Equação 6.2). Assim, por melhor que seja o cronometrista, pode existir um erro sistemático desta ordem de grandeza[11]. Considerando que 0,1s é um número bastante aproximado e que pode existir erro sistemático, tanto no acionamento quanto na parada do cronômetro, pode-se admitir um limite de erro total de $0,5\ s$ para 10 oscilações. Assim, para o período $T = \Delta t/10$, $L_r \cong 0,05\ s$ é um limite de erro bastante confiável. Assim, usando a Equação 7.22, obtém-se

$$\sigma_r \cong L_r \, / \, 2 = 0,025 \ .$$

---

[10]Um cronômetro muito ruim, na verdade.

[11]Evidentemente, é muito difícil determinar este tipo de erro. Para isto, seria necessário montar uma experiência mais sofisticada, realizando uma cronometragem precisa por meio de algum método eletrônico automatizado, comparando os resultados com a cronometragem manual. Mas se isto fosse viável, a cronometragem manual não teria nenhum sentido. Assim, resta a alternativa de estimar esta incerteza sistemática da melhor maneira possível, com base no bom senso.

110   CAPÍTULO 7.   VALOR MÉDIO E DESVIO PADRÃO

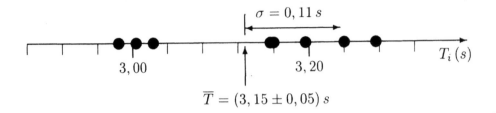

Figura 7.2. *Ilustração mostrando os resultados T_i, o desvio padrão σ das medições, o valor médio $\overline{T}$ e respectiva incerteza padrão σ_p.*

A incerteza padrão é dada pela Equação 7.21:

$$\sigma_p = \sqrt{\sigma_m^2 + \sigma_r^2} = 0,046\,s.$$

O resultado final para o período de oscilação do pêndulo pode ser escrito como

$$\overline{T} = (\,3,146 \pm 0,046\,)\,s$$

ou

$$\overline{T} = (\,3,15 \pm 0,05\,)\,s.$$

Deve ser observado que a incerteza sistemática residual é relativamente pequena em relação à incerteza estatística. Mas, se as medições fossem repetidas muitas vezes para melhorar a *precisão* de $\overline{T}$, a incerteza sistemática residual σ_r se tornaria significativa, comparada com a estatística, estabelecendo um limite para a *acurácia* do resultado final.

A incerteza padrão relativa é

$$\varepsilon_p = \frac{\sigma_p}{\overline{T}} = 0,013\,.$$

Em geral, incerteza relativa é dada na forma de porcentagem

$$\varepsilon_p(\%) = 100\,\frac{\sigma_p}{\overline{T}} = 1,3\,\%.$$

7.9. RESUMO

Exemplo 2. *Medições com um voltímetro digital.*

A força eletromotriz de uma pilha foi medida 6 vezes, com um voltímetro digital, obtendo-se os resultados mostrados na Tabela 7.2. A acurácia do voltímetro na escala utilizada é melhor que 0,5%, conforme a indicação fornecida pelo fabricante no manual do instrumento.

Tabela 7.2. *Resultados das medições para a força eletromotriz.*

i	1	2	3	4	5	6
V_i (Volt)	1,572	1,568	1,586	1,573	1,578	1,581

Realizando os cálculos, obtém-se para o valor médio

$$\overline{V} = \frac{1}{6} \sum_{i=1}^{6} V_i = 1,5763\,V$$

e para o desvio padrão *das medições*

$$\sigma = \sqrt{\frac{1}{6-1} \sum_{i=1}^{6} (V_i - \overline{V})^2} = 0,0066\,V.$$

O desvio padrão no valor médio é portanto

$$\sigma_m = \frac{\sigma}{\sqrt{6}} = 0,0027\,V.$$

Mas, pode existir erro sistemático de até 0,5 % no valor médio, isto é, o limite de erro sistemático é

$$L_r = \frac{0,5}{100}\,1,5763\,V = 0,0080\,V.$$

112 CAPÍTULO 7. VALOR MÉDIO E DESVIO PADRÃO

O problema maior consiste em atribuir um nível de confiança ao limite de erro indicado pelo fabricante do instrumento, pois isto depende de alguma hipótese sobre a distribuição de erros, que não é indicada. Geralmente, a relação 7.22 é utilizada. Esta relação corresponde a limite de erro com um nível de confiança de 95 %, no caso de distribuição gaussiana.

O erro sistemático de calibração pode ser eliminado aferindo-se o voltímetro. Por exemplo, pode-se verificar a calibração do voltímetro com uma *pilha padrão* por meio de circuito potenciométrico, determinando assim exatamente o erro sistemático de calibração e corrigindo o valor médio $\overline{V}$. Mas pode ser que este procedimento ou outro qualquer para verificar a calibração do voltímetro não seja viável ou simplesmente, não seja necessário, em vista dos objetivos da medição. Neste caso, o melhor procedimento é entender o erro de calibração como um erro sistemático residual. Por exemplo, a incerteza sistemática residual pode ser obtida pela relação 7.22

$$\sigma_r = \frac{L_r}{2} = 0,0040\,V\,.$$

E assim, a incerteza padrão é dada por

$$\sigma_p = \sqrt{\sigma_m^2 + \sigma_r^2} = 0,0048\,V\,.$$

O resultado final das medições é escrito como

$$\overline{V} = (\,1,5763 \pm 0,0048\,)\,V\,.$$

ou

$$\overline{V} = (\,1,576 \pm 0,005\,)\,V$$

Capítulo 8

Propagação de incertezas

Resumo

Neste capítulo, são apresentadas as expressões para calcular a incerteza padrão na grandeza $w\,(x,y,z,\ldots)$, a partir das incertezas $\sigma_x, \sigma_y, \sigma_z, \ldots$ e das covariâncias associadas às grandezas x, y, z, ... Covariância e correlação entre variáveis são discutidas e também são apresentadas aplicações importantes da fórmula de propagação de incertezas.

8.1   Fórmula de propagação de incertezas

Uma grandeza w, que é calculada como *função* de outras grandezas x, y, z, ..., pode ser representada por

$$w = w\,(x,\ y,\ z,\ \ldots).$$

As grandezas x, y, z, ... são admitidas como grandezas experimentais, sendo σ_x, σ_y, σ_z, ... as incertezas padrões correspondentes:

$$x \longrightarrow \sigma_x \qquad y \longrightarrow \sigma_y \qquad z \longrightarrow \sigma_z.$$

Se os erros nas variáveis x, y, z, ... são *completamente independentes* entre si, a incerteza padrão em w é, em primeira aproximação, dada por

$$\sigma_w^2 = \left(\frac{\partial w}{\partial x}\right)^2 \sigma_x^2 + \left(\frac{\partial w}{\partial y}\right)^2 \sigma_y^2 + \left(\frac{\partial w}{\partial z}\right)^2 \sigma_z^2 + \cdots. \tag{8.1}$$

114   CAPÍTULO 8. PROPAGAÇÃO DE INCERTEZAS

No caso de uma única variável x a Equação 8.1 se reduz a

$$\sigma_w^2 = (\frac{dw}{dx})^2 \sigma_x^2 \qquad \text{ou} \qquad \sigma_w = |\frac{dw}{dx}| \sigma_x. \qquad (8.2)$$

As incertezas σ_x e σ_w são positivas, por definição. Assim, deve sempre ser considerada a raiz positiva de σ_w^2, isto é, $\sigma_w = + \sqrt{\sigma_w^2}$.

A Equação 8.1 é aproximada e a dedução é apresentada na Seção 8.3. Para que a aproximação seja boa, a função $w(x, y, z, \cdots)$ deve variar de maneira suficientemente lenta com $x, y, z, \ldots$, como mostrado na Seção 8.3. Se os erros nas variáveis não são completamente independentes entre si, a Equação 8.1 é incompleta. Uma expressão mais completa, envolvendo as covariâncias, é deduzida na Seção 8.4.

Exemplo 1. *Incerteza no volume de um cilindro.*

O volume de um cilindro pode ser determinado medindo-se o comprimento L e raio R. O volume V é calculado em função de L e R

$$V = V(L, R) = \pi L R^2.$$

A relação entre as incertezas é dada pela Equação 8.1

$$\sigma_V^2 = (\frac{\partial V}{\partial L})^2 \sigma_L^2 + (\frac{\partial V}{\partial R})^2 \sigma_R^2.$$

Assim, obtém-se

$$\sigma_V^2 = (\pi R^2)^2 \sigma_L^2 + (2\pi L R)^2 \sigma_R^2.$$

Esta expressão é inconveniente para se calcular σ_V. Dividindo os termos por $V^2 = (\pi L R^2)^2$, obtém-se uma expressão mais simples:

$$(\frac{\sigma_V}{V})^2 = (\frac{\sigma_L}{L})^2 + (2\frac{\sigma_R}{R})^2.$$

Em termos das *incertezas relativas*[1] ($\varepsilon_V = \frac{\sigma_V}{V}$, $\varepsilon_L = \frac{\sigma_L}{L}$, $\varepsilon_R = \frac{\sigma_R}{R}$):

$$\varepsilon_V = + \sqrt{\varepsilon_L^2 + 4\varepsilon_R^2}.$$

Nem sempre é possível obter uma expressão simples como esta, envolvendo somente as incertezas relativas.

---

[1] Ver Seção 7.8.

8.2 Algumas fórmulas de propagação

A seguir, são deduzidas fórmulas específicas para alguns casos mais usuais. Os resultados são resumidos na Tabela 8.1, onde os parâmetros a e b são supostos isentos de erro.

- **Soma ou subtração de variáveis:** $w = x \pm y \pm z \pm \cdots$.

$$\frac{\partial w}{\partial x} = 1 , \qquad \frac{\partial w}{\partial x} = \pm 1 , \qquad \frac{\partial w}{\partial x} = \pm 1 , \qquad \cdots$$

e assim

$$\sigma_w^2 = \sigma_x^2 + \sigma_y^2 + \sigma_z^2 + \cdots . \tag{8.3}$$

Deve ser observado que as variâncias sempre se somam, mesmo no caso de subtração de variáveis.

- **Relação linear:** $w = a x + b$.

Admitindo que a e b são constantes isentas de erro ou com erros desprezíveis, somente a variável x é considerada para cálculo da incerteza.

$$\frac{d w}{d x} = a .$$

Substituindo em 8.2, obtém-se

$$\sigma_w^2 = a^2 \sigma_x^2 \qquad \text{ou} \qquad \sigma_w = |a| \, \sigma_x . \tag{8.4}$$

Deve ser observado que σ_w e σ_x são quantidades positivas por definição. Assim, ao extrair a raiz quadrada deve-se considerar a raiz positiva, isto é, $+ \sqrt{a^2} = |a|$.

- **Relação linear:** $w = a x$.

No caso em que $b = 0$, $w = ax$ e a expressão 8.4 para σ_w pode ser simplificada dividindo-a por $w = ax$:

$$\left(\frac{\sigma_w}{w}\right)^2 = \left(\frac{\sigma_x}{x}\right)^2 \qquad \text{ou} \qquad \left|\frac{\sigma_w}{w}\right| = \left|\frac{\sigma_x}{x}\right| . \tag{8.5}$$

No caso $w = a x + b$, esta simplificação não é possível.

116   *CAPÍTULO 8. PROPAGAÇÃO DE INCERTEZAS*

• **Produto ou razão de variáveis:** $w = a\,x\,y$ ou $w = a\,\frac{x}{y}$.

No caso de produto de variáveis,

$$\frac{\partial w}{\partial x} = a\,y \qquad \text{e} \qquad \frac{\partial w}{\partial y} = a\,x\,.$$

Substituindo na expressão 8.1 e simplificando, obtém-se

$$\left(\frac{\sigma_w}{w}\right)^2 = \left(\frac{\sigma_x}{x}\right)^2 + \left(\frac{\sigma_y}{y}\right)^2. \qquad (8.6)$$

Este mesmo resultado vale para o caso $w = x/y$.

• **Produto de funções:** $w = a\,x^p\,y^q$.

Substituindo as derivadas parciais na equação 8.1, obtém-se

$$\sigma_w^2 = \left(a\,p\,x^{p-1}\,y^q\right)^2 \sigma_x^2 + \left(a\,x^p\,q\,y^{q-1}\right)^2 \sigma_y^2\,.$$

Dividindo os termos por $w^2 = (a\,x^p\,y^q)^2$, obtém-se

$$\left(\frac{\sigma_w}{w}\right)^2 = \left(p\,\frac{\sigma_x}{x}\right)^2 + \left(q\,\frac{\sigma_y}{y}\right)^2. \qquad (8.7)$$

Este resultado pode ser generalizado para qualquer número de variáveis.

• **Função trigonométrica:** $w = a\,sen\,x$.

$$\frac{d\,w}{d\,x} = a\,cos\,x \qquad \text{(para } x \text{ em radianos)}.$$

Assim,

$$\sigma_w = |\,a\,cos\,x\,|\,\sigma_x \qquad \text{(para } x \text{ em radianos)}. \qquad (8.8)$$

Esta fórmula é válida *somente* para σ_x em *radianos*, pois a expressão para a derivada só vale neste caso.

• **Função logarítmica:** $w = \log_a x$.

$$\frac{d\,w}{d\,x} = \frac{1}{\ln a}\left(\frac{1}{x}\right) \qquad\qquad \left(\frac{d\,\ln x}{d\,x} = \frac{1}{x}\right).$$

Assim,

$$\sigma_w^2 = \left(\frac{1}{\ln a}\right)^2 \left(\frac{\sigma_x}{x}\right)^2 \quad \text{ou} \quad \sigma_x = \left|\frac{1}{\ln a}\right|\,\frac{\sigma_x}{x}\,. \qquad (8.9)$$

8.2. ALGUMAS FÓRMULAS DE PROPAGAÇÃO

Tabela 8.1. *Exemplos de fórmulas de propagação de incertezas.*

$w = w(x,\ y,\ \cdots)$	Expressões para σ_w
$w = x \pm y \pm \cdots$	$\sigma_w^2 = \sigma_x^2 + \sigma_y^2 + \cdots$
$w = x^m$	$\sigma_w = \mid mx^{m-1} \mid \sigma_x \quad$ ou $\quad \mid \frac{\sigma_w}{w} \mid = \mid m\frac{\sigma_x}{x} \mid$
$w = ax$	$\sigma_w = \mid a \mid \sigma_x \qquad$ ou $\qquad \mid \frac{\sigma_w}{w} \mid = \mid \frac{\sigma_x}{x} \mid$
$w = ax + b$	$\sigma_w = \mid a \mid \sigma_x$
$w = xy$	$\sigma_w^2 = y^2\,\sigma_x^2 + x^2\,\sigma_y^2$ ou $\quad \left(\frac{\sigma_w}{w}\right)^2 = \left(\frac{\sigma_x}{x}\right)^2 + \left(\frac{\sigma_y}{y}\right)^2$
$w = \frac{x}{y}$	$\sigma_w^2 = \left(\frac{1}{y}\right)^2\sigma_x^2 + \left(\frac{x}{y^2}\right)^2\sigma_y^2$ ou $\quad \left(\frac{\sigma_w}{w}\right)^2 = \left(\frac{\sigma_x}{x}\right)^2 + \left(\frac{\sigma_y}{y}\right)^2$
$w = x^p\,y^q$	$\sigma_w^2 = (p\,x^{p-1}\,y^q)^2\,\sigma_x^2 + (x^p\,q\,y^{q-1})^2\,\sigma_y^2$ ou $\quad \left(\frac{\sigma_w}{w}\right)^2 = \left(p\,\frac{\sigma_x}{x}\right)^2 + \left(q\,\frac{\sigma_y}{y}\right)^2$
$w = sen\ x$	$\sigma_w = \mid cos\ x \mid \sigma_x \quad (\sigma_x$ em radianos$)$
$w = \log_a x$	$\sigma_w = \mid \frac{1}{\ln a} \mid \frac{\sigma_x}{x}$

118 CAPÍTULO 8. PROPAGAÇÃO DE INCERTEZAS

8.3 Dedução da fórmula de propagação

As variáveis x, y, z, ... são admitidas como grandezas com distribuições de erro simétricas e desvios padrões σ_x, σ_y, σ_z, $\cdots$. Se cada conjunto de variáveis x, y, z, ... é medido n vezes, obtém-se

$$
\begin{array}{cccc}
x_1, & y_1, & z_1, & \cdots \\
x_2, & y_2, & z_2, & \cdots \\
\cdots & \cdots & \cdots & \cdots \\
x_n, & y_n, & z_n, & \cdots
\end{array}
$$

As variâncias σ_x^2, σ_y^2, σ_z^2, ... são dadas por

$$
\sigma_x^2 = \frac{1}{n} \sum_{i=1}^{n} (x_i - \mu_x)^2, \quad \sigma_y^2 = \frac{1}{n} \sum_{i=1}^{n} (y_i - \mu_y)^2, \quad \sigma_z^2 = \frac{1}{n} \sum_{i=1}^{n} (z_i - \mu_z)^2, \quad \cdots,
$$

onde μ_x, μ_y, μ_z, ... são os *valores médios verdadeiros* de x, y, z, ...

A grandeza w pode ser calculada para cada conjunto de variáveis x_i, y_i, z_i, ..., obtendo-se assim, n resultados

$$
\begin{aligned}
w_1 &= w(x_1, \quad y_1, \quad z_1, \quad \cdots) \\
w_2 &= w(x_2, \quad y_2, \quad z_2, \quad \cdots) \\
\cdots & \quad \cdots \quad \cdots \quad \cdots \quad \cdots \\
w_n &= w(x_n, \quad y_n, \quad z_n, \quad \cdots).
\end{aligned}
$$

O valor médio verdadeiro w_{mv} da grandeza w é definido por 7.2,

$$
w_{mv} = \lim_{n \to \infty} \frac{1}{n} \sum_{i=1}^{n} w_i. \tag{8.10}
$$

Cada resultado $w_i = w(x_i, y_i, z_i, \cdots)$ pode ser expandido em séries de potências dos desvios

$$
w_i \cong w(\mu_x, \mu_y, \mu_z, \cdots) + \tag{8.11}
$$

$$
+ \frac{\partial w}{\partial x}(x_i - \mu_x) + \frac{\partial w}{\partial y}(y_i - \mu_y) + \frac{\partial w}{\partial z}(z_i - \mu_z) + \cdots
$$

$$
\frac{1}{2}\frac{\partial^2 w}{\partial x^2}(x_i - \mu_x)^2 + \frac{1}{2}\frac{\partial^2 w}{\partial y^2}(y_i - \mu_y)^2 + \frac{1}{2}\frac{\partial^2 w}{\partial z^2}(z_i - \mu_z)^2 + \cdots,
$$

onde as derivadas parciais devem ser calculadas para

$$
x = \mu_x, \quad y = \mu_y, \quad z = \mu_z, \cdots.
$$

8.3. DEDUÇÃO DA FÓRMULA DE PROPAGAÇÃO 119

A condição para que a expansão só até a primeira ordem no desvio $d_{xi} = (x_i - \mu_x)$ seja uma boa aproximação é que o termo quadrático seja desprezível quando $d_{xi} = (x_i - \mu_x)$ é da ordem de grandeza do desvio padrão σ_x. Isto é,

$$\frac{1}{2} \left(\frac{\partial^2 w}{\partial x^2} \right) (x_i - \mu_x)^2 \approx 0 \quad \text{para} \quad d_{xi} = (x_i - \mu_x) \approx \sigma_x. \quad (8.12)$$

A mesma condição deve valer para as demais variáveis. Se estas condições são satisfeitas, a função $w(x, y, z, \ldots)$ pode ser considerada como *lentamente variável* do ponto de vista de propagação de erros.

A condição 8.12 é satisfeita quando a primeira derivada é praticamente constante para desvios d_{xi} da ordem de σ_x. Isto significa que a função $w(x, y, z, \ldots)$, quando considerada como função de x, pode ser descrita com boa aproximação *como uma reta* em distâncias da ordem de σ_x. A mesma interpretação vale para as demais variáveis.

Para desvios $d_{xi}, d_{yi}, d_{zi}, \ldots$ muito maiores que os desvios padrões correspondentes, a expansão 8.11 não tem interesse, pois tais desvios ocorrem com probabilidade desprezível. Assim, considerando somente termos até primeira ordem nos desvios, obtém-se

$$\sum_{i=1}^{n} w_i \cong n \, w(\mu_x, \mu_y, \mu_z, \cdots) + \quad (8.13)$$

$$+ \left(\frac{\partial w}{\partial x} \right) \sum_{i=1}^{n} (x_i - \mu_x) + \left(\frac{\partial w}{\partial y} \right) \sum_{i=1}^{n} (y_i - \mu_y) + \left(\frac{\partial w}{\partial z} \right) \sum_{i=1}^{n} (z_i - \mu_z) + \cdots.$$

No limite $n \to \infty$, os 3 últimos termos se anulam, pois

$$\lim_{n \to \infty} \frac{1}{n} \sum_{i=1}^{n} x_i = \mu_x, \quad \lim_{n \to \infty} \frac{1}{n} \sum_{i=1}^{n} x_i = \mu_x, \quad \lim_{n \to \infty} \frac{1}{n} \sum_{i=1}^{n} x_i = \mu_x, \quad \cdots.$$

Assim, resulta de 8.10 que

$$w_{mv} \cong w(\mu_x, \mu_y, \mu_z, \cdots). \quad (8.14)$$

A mesma dedução vale para os valores médios reais. Assim,

$$\overline{w} \cong w(\overline{x}, \overline{y}, \overline{z}, \cdots). \quad (8.15)$$

120   CAPÍTULO 8.   PROPAGAÇÃO DE INCERTEZAS

O valores médios verdadeiros μ_x, μ_y, μ_z, $\cdots$ são desconhecidos e 8.15 é a melhor aproximação para o valor médio verdadeiro w_{mv}.

O desvio padrão σ_w para a distribuição dos w_i é obtido por

$$\sigma_w^2 = \lim_{n \to \infty} \frac{1}{n} \sum_{i=1}^{n} (w_i - w_{mv})^2. \qquad (8.16)$$

Utilizando a aproximação 8.11 até primeira ordem, obtém-se

$$(w_i - w_{mv})^2 = \qquad\qquad (8.17)$$

$$(\frac{\partial w}{\partial x})^2 (x_i - \mu_x)^2 + (\frac{\partial w}{\partial y})^2 (y_i - \mu_z)^2 + (\frac{\partial w}{\partial z})^2 (z_i - \mu_z)^2 + \cdots$$

$$+2 \frac{\partial w}{\partial x} \frac{\partial w}{\partial y} (x_i - \mu_x)(y_i - \mu_y) + 2 \frac{\partial w}{\partial x} \frac{\partial w}{\partial z} (x_i - \mu_x)(z_i - \mu_z) + \cdots.$$

Se as variáveis x, y, z, ... são estatisticamente independentes, os desvios d_{xi}, d_{yi}, d_{zi}, ... se distribuem de maneira aleatória e simétrica em relação a zero. Assim, produtos dos desvios também se distribuem aleatoriamente e simetricamente em relação ao zero, e as somas correspondentes devem se anular, no limite $n \to \infty$. Assim, obtém-se

$$\sum_{i=1}^{n} (w_i - w_{mv})^2 = (\frac{\partial w}{\partial x})^2 \sum_{i=1}^{n} (x_i - \mu_x)^2 +$$

$$(\frac{\partial w}{\partial y})^2 \sum_{i=1}^{n} (y_i - \mu_z)^2 + (\frac{\partial w}{\partial z})^2 \sum_{i=1}^{n} (z_i - \mu_z)^2 + \cdots.$$

Substituindo na expressão para σ_w e considerando que

$$\sigma_x^2 = \lim_{n \to \infty} \frac{1}{n} \sum_{i=1}^{n} (x_i - \mu_x)^2, \quad \sigma_y^2 = \lim_{n \to \infty} \frac{1}{n} \sum_{i=1}^{n} (y_i - \mu_y)^2, \cdots, \quad (8.18)$$

obtém-se a expressão 8.1 para a incerteza padrão em w:

$$\sigma_w^2 = (\frac{\partial w}{\partial x})^2 \sigma_x^2 + (\frac{\partial w}{\partial y})^2 \sigma_y^2 + (\frac{\partial w}{\partial z})^2 \sigma_z^2 + \cdots.$$

Em resumo, para validade desta equação, os erros nas variáveis devem ser estatisticamente independentes e a função $w(x, y, z, \cdots)$ deve ser lentamente variável para propagação de erros, conforme a condição 8.12.

8.4 Covariância

A *covariância* σ_{xy}^2 *de um conjunto de* n *medidas* para variáveis x e y é definida por

$$\sigma_{xy}^2 \equiv cov(x, y) = \frac{1}{n} \sum_{i=1}^{n} (x_i - \mu_x)(y_i - \mu_y). \qquad (8.19)$$

E a covariância do *processo de medida* é σ_{xy}^2, no limite $n \to \infty$. Para maior número de variáveis, a covariância é definida de maneira análoga para cada par de variáveis. A covariância pode ser negativa, o que torna notação σ_{xy}^2 inconveniente, pois sugere quantidade sempre positiva. Por isso, a notação $cov(x, y)$ também é usada.

Experimentalmente, a covariância pode ser *estimada* pela relação[2]

$$\sigma_{xy}^2 \cong \frac{1}{n - 1} \sum_{i=1}^{n} (x_i - \overline{x})(y_i - \overline{y}), \qquad (8.20)$$

onde $\overline{x}$ e $\overline{y}$ são os valores médios de x e y para as n medições. Se não existe correlação entre os erros $\eta_{xi} = (x_i - \mu_x)$ e $\eta_{yi} = (y_i - \mu_y)$, os produtos $(\eta_{xi}\,\eta_{yi})$ devem se distribuir aleatoriamente e simetricamente em relação a zero e σ_{xy} deve tender estatisticamente a zero, conforme o número n de medições aumenta. Entretanto, a *covariância pode ser nula,* mesmo quando existe correlação entre os erros, como mostrado no exemplo da Figura 8.3.

A covariância para *os valores médios* $\overline{x}$ e $\overline{y}$ é dada por

$$cov\,(\,\overline{x}\,,\,\overline{y}\,) = \frac{cov(x, y)}{n}. \qquad (8.21)$$

Uma *fórmula para propagação de erros*, mais geral que a 8.1, pode ser obtida substituindo 8.17 em 8.16 e usando as definições de variância e covariância. Obtém-se

$$\sigma_w^2 = \left(\frac{\partial w}{\partial x}\right)^2 \sigma_x^2 + \left(\frac{\partial w}{\partial y}\right)^2 \sigma_y^2 + \left(\frac{\partial w}{\partial z}\right)^2 \sigma_z^2 + \cdots \qquad (8.22)$$

$$+ 2\left(\frac{\partial w}{\partial x}\right)\left(\frac{\partial w}{\partial y}\right)\sigma_{xy}^2 + 2\left(\frac{\partial w}{\partial x}\right)\left(\frac{\partial w}{\partial z}\right)\sigma_{xz}^2 + 2\left(\frac{\partial w}{\partial y}\right)\left(\frac{\partial w}{\partial z}\right)\sigma_{yz}^2 + \cdots.$$

---

[2]Ver Referência 14, por exemplo.

8.5 Correlação

O *coeficiente de correlação* é definido por

$$r_{xy} = \frac{\sigma_{xy}}{\sqrt{\sigma_x \sigma_y}}.$$

(8.23)

O significado de r_{xy} pode ser entendido, representando os erros η_{xi} e η_{yi} por pontos no plano $\eta_x \times \eta_y$, como mostrado na Figura 8.1. O coeficiente de correlação indica *quanto os pontos se aproximam de uma reta,* como é demonstrado a seguir.

Considerando uma reta qualquer passando pela origem ($\eta_y = a\eta_x$), a distância vertical de cada ponto até a reta é

$$\delta_i = \eta_{yi} - a\eta_{xi}$$

(8.24)

e a *soma dos quadrados das distâncias* é

$$S = \sum_{i=1}^{n} (\eta_{yi} - a\eta_{xi})^2.$$

(8.25)

Conforme o *método dos mínimos quadrados,* a reta que melhor se ajusta aos pontos é tal que a soma S é mínima[3]. Assim, impondo a condição de que S seja um mínimo em relação ao parâmetro a:

$$\frac{dS}{da} = \sum_{i=1}^{n} 2(\eta_{yi} - a\eta_{xi})(-\eta_{xi}) = 0.$$

(8.26)

Resolvendo para a e usando as definições de variância e covariância

$$a = \frac{\sum_{i=1}^{n} \eta_{xi}\eta_{yi}}{\sum_{i=1}^{n} \eta_{xi}^2} \cong \frac{\sigma_{xy}^2}{\sigma_x^2}.$$

(8.27)

Substituindo a na expressão para S e simplificando, obtém-se

$$S \cong \sum_{i=1}^{n} \left(\eta_{yi} - \frac{\sigma_{xy}^2}{\sigma_x^2}\eta_{xi}\right)^2 \cong n\sigma_y^2 - \frac{\sigma_{xy}^4}{\sigma_x^2}$$

(8.28)

ou

$$S \cong n\sigma_y^2(1 - r_{xy}^4).$$

(8.29)

---

[3]O método dos mínimos quadrados é apresentado no Capítulo 11.

8.5. CORRELAÇÃO

Assim, o coeficiente de correlação r_{xy} está diretamente relacionado com S, a soma dos quadrados das distâncias dos pontos à reta ajustada.

Uma vez que S é sempre positivo, resulta

$$|r| \leq 1 \quad \text{ou} \quad -1 \leq r \leq +1. \tag{8.30}$$

Nos casos $r_{xy} = -1$ ou $r_{xy} = +1$, a soma S é nula. Isto significa que os pontos estão perfeitamente alinhados à reta ajustada. Em qualquer outro caso, r_{xy} é menor que 1.

Em geral, a covariância σ_{xy}^2 *estimada* por 8.20 é diferente de zero, mesmo quando não existe correlação entre os erros, pois n é finito. Neste caso, se os erros são estatisticamente independentes, deve resultar

$$|\sigma_{xy}| \ll \sigma_x \quad \text{e} \quad |\sigma_{xy}| \ll \sigma_y \quad \text{ou} \quad |r_{xy}| \ll 1 \tag{8.31}$$

Entretanto, conforme já observado, esta condição é necessária, mas não é suficiente para garantir que não existe correlação entre os desvios, como mostra o exemplo da Figura 8.3.

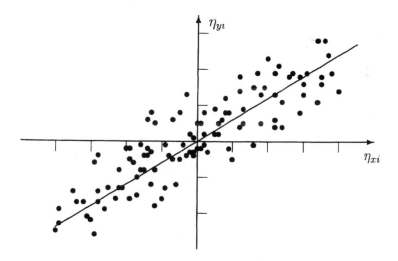

Figura 8.1. *Exemplo de distribuição de erros η_{xi} e η_{yi} que não são estatisticamente independentes. Claramente, existe uma tendência de proporcionalidade entre η_y e η_x.*

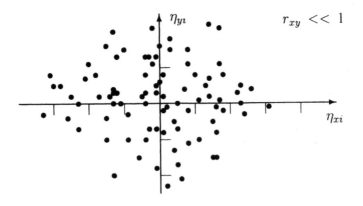

Figura 8.2. *Exemplo de distribuição de erros* η_{xi} *e* η_{yi} *independentes.*

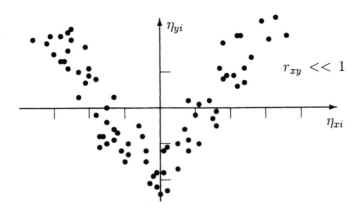

Figura 8.3. *Exemplo de distribuição de erros* η_{xi} *e* η_{yi} *que não são independentes, mas o coeficiente de correlação tende a se anular.*

A Figura 8.2 mostra um exemplo de distribuição de erros estatisticamente independentes. Os pontos correspondentes tendem a se distribuir aleatoriamente em torno da origem e o coeficiente de correlação tende a se anular.

No exemplo da Figura 8.3, claramente existe correlação entre os erros, mas o coeficiente de correlação tende a se anular. Para ver isto, basta observar que, para cada valor de η_y, existem sempre pares de valores aproximadamente iguais e de sinais opostos para η_x. Assim, a soma 8.19 tende estatisticamente a se anular.

8.6. TRANSFERÊNCIA DE INCERTEZA

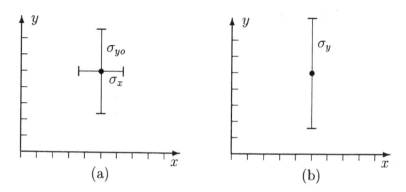

Figura 8.4.a. *Representação de incertezas nas variáveis x e y.*
b. *A incerteza em x é transferida para y que passa a ter incerteza maior, enquanto x é admitida isenta de erro.*

8.6 Transferência de incerteza

O problema considerado a seguir é uma importante aplicação da fórmula de propagação de erros na análise de dados experimentais. Frequentemente ocorre que uma grandeza y é medida em função de uma variável x considerada como variável independente ($y = f(x)$). Entretanto, ambas as grandezas têm erros experimentais e portanto, devem ser associadas incertezas às duas variáveis:

$$x \Rightarrow \sigma_x \quad e \quad y \Rightarrow \sigma_{yo}.$$

Os x e y podem ser representados por um ponto no gráfico $x \times y$ com "barras de incerteza" horizontal e vertical, como na Figura 8.4.a.

Na análise da dependência entre y e x, além de complicado, é desnecessário admitir incertezas nas duas variáveis. Isto é, geralmente não interessa conhecer os valores verdadeiros de x e y em cada caso, mas interessa conhecer a melhor aproximação para a *relação verdadeira* entre x e y. Por isso, pode-se admitir que o resultado x é o valor verdadeiro, mas y tem incerteza maior, dada por

$$\sigma_y^2 = \sigma_{yo}^2 + \left(\frac{dy}{dx}\right)_0^2 \sigma_x^2, \tag{8.32}$$

onde $(dy/dx)_0$ é uma *estimativa preliminar* para a derivada (dy/dx).

126　　CAPÍTULO 8.　PROPAGAÇÃO DE INCERTEZAS

A variância σ_y^2 é a variância original σ_{yo}^2 somada à uma variância

$$(dy/dx)_0^2\,\sigma_x^2\ ,$$

que representa a *incerteza transferida* de x para y. Esta transferência de incerteza é mostrada nas Figuras 8.4.

Para demonstrar a relação 8.32, pode-se considerar uma variável ω definida por

$$\omega = y - f(x)\,. \tag{8.33}$$

onde y e x são os valores medidos. Se os erros em x e y são estatisticamente independentes, a incerteza σ_ω é dada por 8.1:

$$\sigma_w^2 = (\frac{\partial w}{\partial x})^2\,\sigma_x^2 + (\frac{\partial w}{\partial y})^2\,\sigma_{y0}^2 \tag{8.34}$$

ou

$$\sigma_w^2 = \sigma_{yo}^2 + (\frac{d\,y}{d\,x})^2\,\sigma_x^2\,, \tag{8.35}$$

onde (dy/dx) indica a derivada (df/dx).

Indicando por x^* a variável x quando considerada isenta de erros, a nova variável y^* é dada por

$$y^* = f(x^*) + (y - f(x)) = f(x^*) + \omega \tag{8.36}$$

Portanto, a incerteza em y^* deve ser igual à incerteza em ω, resultando assim a Equação 8.32. Deve ser observado que a variável y^* é a própria variável y, mas com uma *distribuição de erros alargada* conforme 8.32. Na prática, y^* pode ser indicada simplesmente por y, não sendo necessário usar notação diferente para as duas variáveis. As mesmas considerações valem para as variáveis x^* e x.

A dificuldade da fórmula 8.32 consiste no fato que a dependência entre y e x não é inicialmente conhecida, quando estas grandezas são medidas experimentalmente. Isto é, (dy/dx) não é uma quantidade conhecida. Na prática, o problema pode ser resolvido por aproximações sucessivas, obtendo-se inicialmente uma *estimativa preliminar* $(dy/dx)_0$ por meio de algum método simples. Em seguida, os dados são analisados mais rigorosamente, admitido a variável x isenta de erros, e a variável y com incerteza dada pela expressão 8.32.

8.7 Combinação de incertezas tipo B

A incerteza tipo A é o desvio padrão σ_A obtido por métodos estatísticos. A incerteza padrão tipo B (σ_B) é uma incerteza dada na forma de desvio padrão e avaliada por *qualquer método que não seja estatístico*. A incerteza padrão tipo B é a incerteza correspondente aos erros sistemáticos residuais, para os quais se considera que não é possível nenhuma correção posterior.

Com frequência, ocorre que existe mais de um erro sistemático residual a ser considerado num resultado final. A questão pode ser analisada do ponto de vista de propagação de erros. Se $\bar{y}$ é um valor médio obtido experimentalmente, pode ser necessário fazer correções aditivas devidas a erros sistemáticos. O resultado pode ser considerado na forma:

$$y = \bar{y} + C_1 + C_2 + \cdots . \tag{8.37}$$

A incerteza padrão é dada pela relação 8.3, para soma de variáveis:

$$\sigma_y^2 = \sigma_A^2 + \sigma_{C1}^2 + \sigma_{C2}^2 + \cdots . \tag{8.38}$$

onde σ_{Ci}^2 é a variância de tipo B, associada à correção C_i. Não importa muito se estas correções são realmente feitas ou não. No caso em que uma determinada correção não é feita, $C_i = 0$, mas continua existindo o erro sistemático residual correspondente. Evidentemente, o erro sistemático residual deve ser bem menor quando a correção é feita.

Em resumo, as diversas *variâncias de tipo B* correspondentes a correções aditivas, devem ser somadas conforme a Equação 8.38.

Eventualmente, um determinado resultado $\bar{y}$ deve ser corrigido por um *fator de correção* F:

$$y_1 = F\bar{y}. \tag{8.39}$$

Neste caso,

$$\sigma_A = F\sigma_{\bar{y}}. \tag{8.40}$$

Usualmente, o fator de correção multiplicativo F é próximo de 1 e não importa muito se o fator de correção F é ou não aplicado às incertezas σ_{Ci}, correspondentes às correções aditivas C_i. Entretanto, se F é muito diferente de 1, a questão deve ser analisada em detalhes.

128 CAPÍTULO 8. PROPAGAÇÃO DE INCERTEZAS

Questões

1. O volume V de uma esfera pode ser obtido a partir do diâmetro d determinado experimentalmente. Mostrar que a incerteza σ_V no volume é obtida por

$$\frac{\sigma_V}{V} = 3\,\frac{\sigma_d}{d},$$

onde σ_d é a incerteza no diâmetro da esfera.

2. O ângulo de Brewster de um material foi medido experimentalmente, obtendo-se $\theta_B = (\,59,3^o \pm 1.2^o\,)$. A relação entre o índice de refração n de um material e o ângulo de Brewster é $tg\,\theta_B = n$.
Mostrar que $n = (\,1,68\,\pm\,0,08\,)$.

3. Considerar as grandezas S e D definidas por

$$S = x + y \qquad e \qquad D = x - y,$$

onde x e y são grandezas positivas medidas experimentalmente.
Verificar que :

• Se x e y são de mesma ordem de grandeza, a incerteza relativa em D é muito maior que a incerteza relativa em S.

• Se $y << x$ e as incertezas relativas em x e y são de mesma ordem de grandeza, incerteza em y praticamente não influi nas incertezas finais em S e em D.

4. Uma resistência R é determinada pela relação $V = RI$, a partir de medições de V com um voltímetro e medições de I com um amperímetro. Após análise estatística, obtém-se uma incerteza estatística σ_A, para o valor médio $\overline{R}$. Além de erros estatísticos, o voltímetro pode apresentar limite de erro de calibração de 1% e o o amperímetro 3%. A relação $L_c = 2\sigma_c$ pode ser admitida entre limite de erro e incerteza sistemática residual.
Considerando resultados da Seção 8.7, mostrar que

$$\sigma_R^2 = \sigma_A^2 + (\,\frac{0,01\,\overline{R}}{2}\,)^2 + (\,\frac{0,03\,\overline{R}}{2}\,)^2.$$

Capítulo 9

Instrumentos de medição

Resumo
Algumas regras gerais para leitura de instrumentos de medição e estimativas das incertezas correspondentes são apresentadas neste capítulo. Vários exemplos de estimativas de incertezas são apresentados.

9.1 Leitura de instrumentos

Como regra geral, o resultado da leitura deve incluir *todos* os dígitos que o instrumento de medição permite ler diretamente mais um dígito que deve ser *estimado* pelo observador.

Por exemplo, na leitura de uma régua graduada em milímetros o resultado da medição deve incluir a *fração* de milímetro que é estimada pelo observador.

No caso de um instrumento digital, se a escala escolhida é bem adequada à medição, pode ocorrer pequena flutuação no último dígito. Neste caso, fica também a cargo do observador estimar o último dígito da leitura com base na flutuação observada.

130   *CAPÍTULO 9. INSTRUMENTOS DE MEDIÇÃO*

9.2 Incertezas tipo A e tipo B

A incerteza padrão tipo A é o desvio padrão σ_A obtido por métodos estatísticos. Se a medição é repetida n vezes, σ_A o desvio padrão no valor médio para as medições.

A incerteza padrão tipo B (σ_B) é a incerteza dada na forma de desvio padrão e avaliada por *qualquer método que não seja estatístico*. A incerteza padrão tipo B é a incerteza correspondente aos erros sistemáticos residuais, para os quais se considera que não é possível nenhuma correção posterior.

A incerteza padrão no resultado final (σ) é dada por[1]:

$$\sigma^2 = \sigma_A^2 + \sigma_B^2,\tag{9.1}$$

onde σ_A^2 é *variância estatística* ou *variância tipo A* e σ_B^2 é a *variância tipo B*, relativa a erros sistemáticos residuais.

9.3 Estimativa das incertezas tipo B

Numa determinada medição, a *incerteza tipo B* é a incerteza correspondente aos erros sistemáticos residuais. Estes são os erros sistemáticos que restam, depois de feitas todas as correções possíveis ao resultado final.

Em geral, com base em toda informação disponível sobre o instrumento e sobre a medição, pode-se determinar o limite de erro sistemático residual L_r e fazer alguma hipótese sobre a distribuição de erros. Relações gerais para se obter a incerteza correspondente são apresentadas[2] nas Seções 4.5 e 7.7. Como regra geral, pode-se utilizar a relação 4.12:

$$\sigma_B \cong \frac{L_r}{2}.\tag{9.2}$$

Esta relação pode ser usada para o limite de erro de calibração do instrumento e também para outros erros sistemáticos residuais que possam ocorrer na medição.

---

[1]Esta relação é deduzida na Seção 7.6. Uma discussão adicional sobre o assunto é apresentada no Apêndice C.

[2]Uma discussão mais ampla sobre o assunto é apresentada na Referência 20.

9.4. ERROS DE CALIBRAÇÃO

Quando existem vários erros sistemáticos residuais, as incertezas correspondentes (σ_{B1}, σ_{B2}, ...) podem ser obtidas individualmente e combinadas conforme é mostrado na Seção 8.7. A incerteza final de tipo B é obtida pela relação:

$$\sigma_B^2 = \sigma_{B1}^2 + \sigma_{B2}^2 + \cdots . \tag{9.3}$$

Uma *estimativa grosseira* da variância estatística pode ser obtida pela Equação 7.17, nos casos em que for possível fazer uma *estimativa grosseira do limite de erro estatístico* L_e:

$$\sigma_e = \frac{L_e}{3} . \tag{9.4}$$

O limite de erro estatístico permite estabelecer um intervalo com mais de 99 % de confiança para o valor médio verdadeiro[3]

$$(\overline{y} - L_e) < y_{mv} < (\overline{y} + L_e) \qquad \text{com confiança } P \approx 99,7\,\% . \tag{9.5}$$

Em vários casos, não é difícil fazer estimativas seguras de L_e. Se a incerteza estatística é estimada desta forma, fica difícil decidir se σ_e é uma incerteza de tipo A ou tipo B. De qualquer modo, a Equação 9.1 mostra que a questão é irrelevante para calcular a incerteza final.

9.4 Erros de calibração

O erro sistemático mais comum que afeta o resultado de uma medição realizada diretamente com um instrumento é o erro de calibração[4].

O limite de erro de calibração de um instrumento deve ser indicado pelo fabricante que é o responsável, não só pela construção, mas também pela calibração do instrumento. O limite de erro de calibração de um instrumento comercial é geralmente indicado em manuais fornecidos pelo fabricante. Assim, a regra para determinar o limite de erro de calibração consiste em consultar o manual do instrumento ou o próprio fabricante em caso de dúvidas.

---

[3]Ver Seção 7.5.

[4]O erro instrumental de calibração é discutido também na Seção 9.5.

132 CAPÍTULO 9. INSTRUMENTOS DE MEDIÇÃO

Na falta de informações detalhadas e para instrumentos mais simples o limite de erro pode ser *estimado* a partir da seguinte regra:

O limite de erro de calibração de um instrumento de medição pode ser admitido como a menor divisão ou menor leitura que é explicitamente indicada pelo instrumento de medida.

Entretanto, esta é apenas uma regra geral para *estimar* o limite de erro, na falta de informações mais detalhadas sobre o instrumento, e que deve ser aplicada com muito critério e bom senso. Para instrumentos digitais, o limite de erro de calibração pode ser bem maior que a menor divisão (1 no último algarismo mostrado). Por exemplo, isto ocorre num multímetro digital comum, como mostrado no Exemplo 5. O paquímetro com nônio de 50 divisões é outro exemplo de instrumento, no qual o limite de erro de calibração pode ser maior que a menor divisão, como mostrado no Exemplo 3.

Se L_c é o limite de erro de calibração, a incerteza correspondente pode ser obtida pela regra geral 9.2:

$$\sigma_c \cong \frac{L_c}{2} .$$
$$(9.6)$$

Se não existem outros erros sistemáticos significativos, $\sigma_B \cong \sigma_c$. Se. além disso, os erros estatísticos são desprezíveis, incerteza σ no resultado é devida somente ao erro de calibração:

$$\sigma = \sqrt{\sigma_A^2 + \sigma_B^2} \cong \sigma_c \cong \frac{1}{2} L_c .$$
$$(9.7)$$

Assim, resulta como regra geral que a incerteza padrão na medição é a *metade da menor divisão ou menor leitura explícita* do instrumento, quando o erro estatístico é desprezível e não existem outros erros sistemáticos além do erro de calibração. Mas, esta é apenas uma regra geral. Existem muitos instrumentos que não obedecem a esta regra e a incerteza é maior que a menor divisão. Além disso, deve ser lembrado que podem existir *erros estatísticos* comparáveis, ou mesmo, bem maiores que o erro de calibração. Em qualquer destes casos, a regra de adotar a metade da menor divisão como incerteza não funciona e resulta em incertezas subestimadas.

9.4. ERROS DE CALIBRAÇÃO

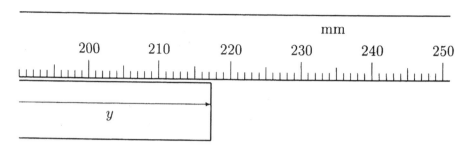

Figura 9.1. *Leitura de uma régua graduada em milímetros.*

Exemplo 1. *Leitura de uma régua.*[5]

Na Figura 9.1, a leitura indicada diretamente pela régua é 217 mm e a fração de milímetro pode ser estimada como 0,3 mm. Assim, o resultado da medição é 217,3 mm.

O erro de leitura pode ser considerado estatístico. Se diferentes indivíduos realizarem a leitura da régua, os resultados poderiam ser diferentes, entretanto, quase com certeza não seriam diferentes de

$$217,0 \; ; \; 217,1 \; ; \; 217,2 \; ; \; 217,3 \; ; \; 217,4 \; ; \; 217,5 \; ; \; 217,6 \;.$$

Esta variação pode parecer exagerada, mas deve ser lembrado que existe também um erro ao ajustar o outro lado do objeto ao "zero" da régua.

O limite de erro estatístico L_e pode ser *estimado* como 0,3 mm e conforme a Equação 9.4:

$$\sigma_e = L_e/3 \approx 0,1 \, mm.$$

Admitindo o erro limite de calibração L_c como a menor divisão da régua, isto é, $L_c \cong 1 \, mm$, obtém-se

$$\sigma_c = L_c/2 \cong 0,5 \, mm.$$

A incerteza padrão é obtida somando-se a variância estatística σ_e^2 com a variância sistemática residual σ_c^2, conforme a Equação 9.1:

$$\sigma = \sqrt{\sigma_e^2 + \sigma_c^2} \cong 0,5 \, mm.$$

O resultado da medição pode ser escrito como $y = (217,3 \pm 0,5) \, mm$.

---
[5]Ver também Exemplo 2 do Capítulo 4.

134 CAPÍTULO 9. INSTRUMENTOS DE MEDIÇÃO

Entretanto, pode-se considerar um limite de erro menor ou maior, dependendo de condições da medição e do próprio comprimento a ser medido.

Por exemplo, para comprimentos até cerca de $100\,mm$, pode-se considerar um limite de erro menor[6]. Em certos casos, pode-se considerar um limite de erro maior. Por exemplo, se for difícil alinhar o objeto com a régua pode ocorrer paralaxe.

Este exemplo de leitura de uma régua é bastante simples, mas importante, pois o método se aplica à leitura de *qualquer escala analógica simples*, tal como a de multímetros, cronômetros, termômetros, osciloscópios e outros instrumentos analógicos.

Exemplo 2. *Paquímetro com nônio de 10 divisões.*

A Figura 9.2 mostra como exemplo as escalas de um paquímetro simples com nônio de 10 divisões[7] e graduado em milímetros.

No caso mostrado na figura, nenhuma marca do nônio coincide exatamente com marca da régua. Mas a coincidência mais próxima é para a marca da 7ạ divisão do nônio e o primeiro algarismo da fração de divisão é 7. O algarismo seguinte pode ser estimado como 1, 2, 3, 4 ou 5, pois a coincidência entre 7 e 9 é melhor que entre o 8 e 10. Assim, a leitura pelo nônio pode ser admitida como 0,73 mm. O resultado da medida é $y = 2,73\,mm$.

O limite de erro de calibração é a menor leitura do paquímetro, isto é, $L_c = 0,1\,mm$. Assim, $\sigma_c \cong L_c \cong 0,05\,mm$.

O limite de erro estatístico (L_e), na avaliação do último dígito, é seguramente menor que 4 no último algarismo ($L_e < 0,04\,mm$). Assim, $\sigma_e = L_e/3 < 0,013\,mm$. A incerteza padrão é

$$\sigma = \sqrt{\sigma_e^2 + \sigma_c^2} \cong 0,05\,mm.$$

No caso, o erro estatístico de leitura é desprezível ($\sigma_e < 0,01\,mm$). Entretanto, a incerteza estatística pode ser bem maior, dependendo das condições.

---

[6]Algumas réguas metálicas de boa qualidade, são graduadas de 0,5 em 0,5 mm para distâncias menores, indicando limite de erro menor em distâncias menores.

[7]O princípio de funcionamento do nônio é explicado no Exemplo 8.

9.4. ERROS DE CALIBRAÇÃO

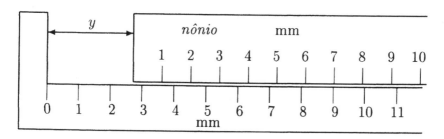

Figura 9.2. *Paquímetro simples com nônio de 10 divisões.*

Exemplo 3. *Paquímetro com nônio de 50 divisões.*

A menor leitura indicada pelo paquímetro é $(1/50)\,mm = 0,02\,mm$. Este é um exemplo de instrumento, para o qual o limite de erro pode ser maior que a menor leitura. O coeficiente de dilatação do aço inoxidável é aproximadamente $10^{-5}/°C$. Assim, para distância de $150\,mm$, resulta uma dilatação da ordem de $0,02\,mm$ para $10°C$. Além disso, existe erro na calibração inicial e sempre existe alguma folga nas réguas devido a desgaste ou desajuste nos parafusos que prendem as réguas. Por isso, parece mais razoável considerar um limite de erro de calibração tal como

$$L_c \approx 2 \times 0,02\,mm \quad \text{e} \quad \sigma_c \cong \tfrac{L_c}{2} \approx 0,02\,mm.$$

Por outro lado, devido ao grande número de divisões do nônio, o erro de leitura se torna significativo, pois é muito difícil decidir quais marcas do nônio e da escala principal coincidem. Neste caso, limite de erro de leitura é aproximadamente 2 no último algarismo ($L_e \approx 2 \times 0,02\,mm$). A incerteza estatística de leitura é $\sigma_e \cong L_e/3 \approx 0,013\,mm$ e resulta

$$\sigma = \sqrt{\sigma_e^2 + \sigma_c^2} \approx 0,03\,mm.$$

Um paquímetro comum, não deveria ter nônio com mais de 20 divisões. Um paquímetro com nônio de 50 divisões sugere uma acurácia que não se verifica, na prática.

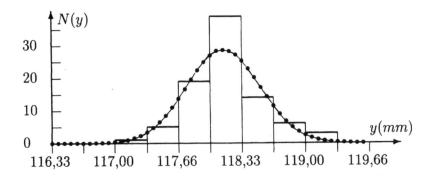

Figura 9.3. *Histograma de 87 medições de uma barra de alumínio, realizadas por diferentes pessoas e com diferentes réguas.*

Exemplo 4. A Figura 9.3 mostra um histograma de 87 medições do comprimento y de uma barra de alumínio, realizadas por diferentes pessoas e com réguas escolares de diferentes procedências[8].

O valor médio e o desvio padrão *das medições* são respectivamente

$$\bar{y} = 118,14\,mm \quad e \quad \sigma = 0,39\,mm.$$

A Figura 9.3 mostra também uma função gaussiana com valor médio e desvio padrão acima e multiplicada por 87. Assim normalizada, a gaussiana é comparável com o histograma.

Medições com 2 paquímetros resultaram $118,12\,mm$ e $118,14\,mm$.

Neste caso particular, os resultados das medições mostram que os erros usualmente considerados como sistemáticos, tais como erros de calibração se tornam estatísticos quando se considera um universo mais amplo de medições realizadas com instrumentos similares.

Conforme discutido no Exemplo 1, a incerteza padrão de resultado de medição com uma régua comum pode ser estimada como

$$\sigma = \sqrt{\sigma_e^2 + \sigma_c^2} \cong 0,5\,mm.$$

Considerando que este resultado é uma *estimativa* baseada em regras gerais, o acordo com o desvio padrão obtido para as 87 medições pode ser considerado bom.

---

[8]A experiência é descrita na Referência 16, de autoria de O.Helene, S.P.Tsai e R.R.P.Teixeira. A gaussiana não aparece no histograma da Referência 16.

9.4. ERROS DE CALIBRAÇÃO

Exemplo 5. *Voltímetro digital comum.*
Na medição de uma tensão alternada com um voltímetro digital, o instrumento indica

$$\boxed{1\ .}\ \boxed{2}\ \boxed{8}\ \boxed{X}\quad (\,em\ Volts\,),$$

onde o algarismo X flutua entre 1 e 7. Assim, o último algarismo pode ser estimado como sendo 4. O limite de erro estatístico L_e pode ser estimado em $0,004\,V$ e

$$\sigma_e = \frac{L_e}{3} \cong 0,001\,V$$

Conforme o manual fornecido pelo fabricante, o voltímetro digital tem acurácia de 0,8% + 1 dígito (no último algarismo). Assim,

$$L_c = (\,\frac{0,8}{100}\,1,283 + 0,001\,)\,V = 0,011\,V.$$

Portanto, como pode ser visto neste exemplo, o limite de erro é bem maior que a menor leitura do instrumento (0,001 V). A incerteza estatística é desprezível e a incerteza padrão pode ser estimada como $\sigma \cong \sigma_c = 0,006\ V$.

Exemplo 6.. *Cronômetro digital.*
Um cronômetro digital, disparado e parado manualmente, indicou os seguintes algarismos :

$$\boxed{17\ '}\ \boxed{23\ "}\ \boxed{68}\quad (\text{minutos e segundos})\ .$$

A menor leitura do cronometro é 0,01 s que pode ser considerada como limite de erro de calibração.

O melhor procedimento para determinar a incerteza estatística consiste em repetir a medição várias vezes, calculando a média e o desvio padrão. Entretanto, no caso de uma medição, a única alternativa é estimar o desvio padrão a partir do limite de erro estatístico. Em uma cronometragem cuidadosa, o erro de cronometragem certamente não é maior que $0,5\,s$. Esta estimativa pode parecer exagerada, mas deve ser lembrado que existe erro tanto no início quanto no final da cronometragem. Assim, pode-se admitir $L_e \cong 0,5\,s$ e $\sigma_e = L_e/3 \cong 0,17\,s$. Neste caso, a incerteza estatística é bem maior que a incerteza devida a calibração do instrumento.

9.5 Erro instrumental

O erro devido a um instrumento de medição é um pouco complicado e será analisado um pouco mais detalhadamente nesta seção.

Admitindo que não existem outros erros na medição, além do erro devido ao próprio instrumento de medição, o valor verdadeiro y_v da grandeza pode ser escrito como

$$y_v = y_i + \eta_i \qquad (9.8)$$

onde y_i é o valor indicado pelo instrumento e η_i é o erro do instrumento, que é desconhecido.

O erro η_i do instrumento pode ser escrito como uma superposição de três outros erros:

$$\eta_i = \eta_o + \alpha y_i + \eta_L, \qquad (9.9)$$

onde

• η_o é o *erro de zero* do instrumento.

• α é uma constante, de forma que o erro correspondente é proporcional à leitura y_i. Este erro pode ser chamado *erro linear de calibração*.

• η_L é uma função complicada de y_i, que pode ser denominada *desvio de linearidade*. Os erros (η_o e αy_i) representam uma relação linear entre o valor verdadeiro y_v e a leitura y_i. Por isso, η_L é chamado desvio de linearidade.

O valor verdadeiro da grandeza pode ser escrito como

$$y_v = (1 + \alpha) y_i + \eta_o + \eta_L. \qquad (9.10)$$

Em muitos instrumentos, o "zero" é ajustado pelo próprio experimentador. No caso de instrumentos simples como uma régua ou um cronômetro, o "zero" é acertado pelo experimentador, na própria medição. Instrumentos eletrônicos geralmente têm *ajuste de zero*. No pior caso, a leitura y_o do instrumento correspondente a $y_v = 0$ pode ser obtida, e os resultados podem ser corrigidos. Em leituras cuidadosas, nas quais o "zero" é sempre verificado, o erro de "zero" pode ser considerado estatístico.

9.5. ERRO INSTRUMENTAL

O *erro linear de calibração* resulta em uma proporcionalidade entre o valor verdadeiro e o valor medido com coeficiente de proporcionalidade $(1 + \alpha)$. Este é um *erro sistemático* para medições realizadas *com um mesmo instrumento*.

O *desvio de linearidade* é uma função complicada, mas tem a grande vantagem que corresponde a um erro pequeno para bons instrumentos. Para instrumentos bem dimensionados e construídos, o desvio de linearidade é bem menor que o erro de calibração linear. Uma outra vantagem é que o valor médio do desvio de linearidade tende a se anular, para medições distribuídas ao longo de toda escala. Em certas circunstâncias, este tipo de erro pode ser considerado como estatístico. Por exemplo, um amperímetro de bobina móvel pode apresentar pequeno desvio de linearidade, devido à não regularidade do campo magnético do imã. A deflexão pode ser menor do que deveria no início e no final da escala, e maior do que deveria na região central da escala. Se a tensão V é medida em função da corrente I para se determinar o valor de uma resistência R, o gráfico $V \times I$ deve ser uma reta. Se as medições são realizadas ao longo de toda a escala e uma reta é ajustada aos pontos experimentais, o erro em R devido a desvio de linearidade do amperímetro tende a se anular. Entretanto, para uma medição simples, o erro é sistemático.

Exemplo 7. *Erros instrumentais de uma régua.*

Em uma simples leitura de uma régua ocorrem os 3 tipos de erros mencionados. O *erro de zero* ocorre quando o experimentador acerta o zero da escala com o início da distância a ser medida.

O *erro de calibração linear* ocorre se a régua é, por exemplo, $0,5\%$ mais comprida $(\alpha = 0,005)$, mas esta dilatação ocorre em toda extensão da régua de maneira uniforme. Isto é, cada milímetro da régua é $0,5\%$ mais comprido. Se α é conhecido, as medidas feitas com a régua podem ser corrigidas multiplicando-se as leituras por $(1 + \alpha)$. Neste caso, o erro de calibração linear pode ser eliminado.

O *desvio de linearidade* ocorre se as marcas dos milímetros não são regularmente espaçadas. Isto e, o espaçamento u correspondente a $1\,mm$ pode variar em relação a um valor médio.

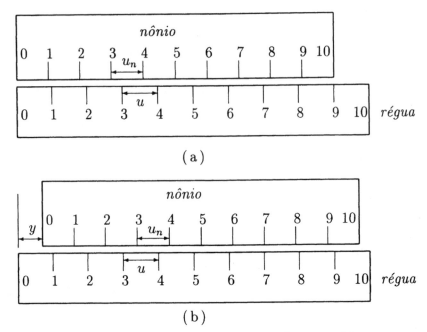

Figura 9.4. *Funcionamento do nônio ("vernier").*

Exemplo 8. *Funcionamento do nônio ("vernier").*

Nas escalas graduadas das Figura 9.4, 10 divisões da escala do nônio são iguais a 9 divisões da escala principal, de forma que

$$10\,u_n = 9\,u \quad \text{ou} \quad u_n = 0,9\,u$$

No exemplo mostrado na Figura 9.4.b, a 7ª marca do nônio coincide com a 7ª marca da escala principal. Em geral, se a marca da n-ésima divisão do nônio coincide com a marca da n-ésima divisão da régua,

$$y + n\,u_v = n\,u.$$

Substituindo $u_n = 0,9\,u$, e resolvendo, obtém-se

$$y = n\,(\,0,1\,u\,)$$

Isto é, a distância y é n décimos da menor divisão u. Este é o princípio de funcionamento do nônio, que permite leitura da fração y da menor divisão u de uma escala.

Capítulo 10

Método de máxima verossimilhança

Resumo

O método de máxima verossimilhança[1] é discutido neste capítulo, com relação ao ajuste de funções a um conjunto de pontos experimentais.

10.1 Conjunto de pontos experimentais

Num processo de medição com duas variáveis x e y, os resultados são chamados *pontos experimentais*, porque cada par de resultados x e y pode ser representado como um ponto no gráfico $y \times x$. Admitindo a variável x como *isenta de erros* os resultados de medições de x e y podem ser representados como um conjunto de pontos experimentais:

$$\{ x_1, y_1, \sigma_1 \}, \ \{ x_2, y_2, \sigma_2 \}, \ \cdots, \ \{ x_i, y_i, \sigma_i \}, \ \cdots, \ \{ x_n, y_n, \sigma_n \},$$

onde x_i e y_i são os resultados da i-ésima medição e σ_i é a incerteza estatística no resultado y_i.

---

[1]Tradução sugerida na Referência 17, para "maximum likelihood méthod". A expressão também tem sido traduzida como "método de probabilidade máxima".

141

142 CAPÍTULO 10. MÉTODO DE MÁXIMA VEROSSIMILHANÇA

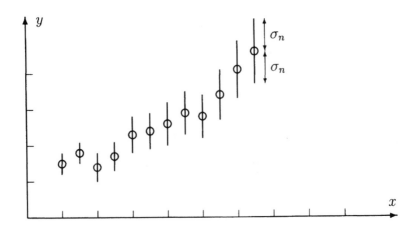

Figura 10.1. *Representação de pontos experimentais* $\{x_i, y_i, \sigma_i\}$ *em um gráfico. A incerteza estatística* σ_i *(desvio padrão) é representada por uma "barra de incerteza", que tem comprimento total* $2\sigma_i$.

Uma vez que x e y são quantidades obtidas experimentalmente, ambas têm erros e a incerteza em x, suposta como variável independente *deve ser transferido para a variável dependente* y, conforme as regras deduzidas na Seção 8.6. Em geral, do ponto de vista de análise de dados experimentais, a escolha da variável independente é bastante arbitrária. Na prática, quando uma das variáveis tem incerteza desprezível, esta é a escolha mais simples para variável independente.

Na análise estatística apresentada neste e nos próximos capítulos, todas as incertezas são consideradas como estatísticas, sendo admitido que não existem erros sistemáticos para o conjunto de pontos em questão. Entretanto, podem existir incertezas sistemáticas residuais (incertezas tipo B), que devem ser combinadas com a incerteza estatística (incerteza tipo A), para se obter a incerteza no resultado final. Em muitos casos, as incertezas sistemáticas residuais podem ser levadas em consideração, *somente após a conclusão da análise das incertezas estatísticas*. Em certos casos, este procedimento não é possível e o problema de determinar a melhor aproximação para uma grandeza e a respectiva incerteza pode ser bastante complicado.

10.2. AJUSTE DE FUNÇÃO

Assim, no que segue, quando um ponto experimental é representado por $\{x_i, y_i, \sigma_i\}$, σ_i representa a incerteza dada na forma de desvio padrão e que é considerada como estatística.

A Figura 10.1 mostra um exemplo de conjunto de pontos experimentais. O desvio padrão σ_i em cada ponto experimental é representado por meio de uma *barra de incerteza*, que tem comprimento total $2\,\sigma_i$. Cada barra de incerteza representa um intervalo de confiança de aproximadamente 68% para o valor verdadeiro μ_i correspondente ao resultado y_i.

10.2 Ajuste de função

Um problema importante em teoria de erros é obter a *melhor função* $f(x)$ para descrever um conjunto de pontos experimentais obtido em medições das grandezas x e y. Este processo é chamado *ajuste de uma função* ao conjunto de pontos experimentais ou *regressão*, simplesmente.

O problema de ajustar uma função arbitrária a um conjunto de pontos experimentais não tem solução definida. Uma infinidade de funções poderiam ser ajustadas aos pontos da Figura 10.1, todas satisfatórias do ponto de vista estatístico.

No que segue, é considerado o problema mais restrito de ajustar uma particular função entre tipos de funções com formas predeterminadas. Como exemplo deste procedimento, pode-se considerar o problema de ajustar um polinômio de grau qualquer aos pontos da Figura 10.1. A solução do problema consiste em determinar o polinômio mais adequado para descrever os pontos experimentais.

As funções de formas predeterminadas a serem ajustadas podem ser caracterizadas por p parâmetros $a_1, a_2, \cdots, a_i, \cdots, a_p$. Neste caso, o problema de ajustar uma função se reduz a determinar os valores dos parâmetros que são mais adequados. Por exemplo, um polinômio é dado por

$$f(x) = a_1 + a_2\,x + a_3\,x^2 + \cdots + a_{j+1}\,x^j + \cdots + a_p\,x^{p-1}. \quad (10.1)$$

Neste caso, devem ser determinados o grau $(p-1)$ do polinômio, bem como os valores dos coeficientes $a_1, a_2, \cdots, a_i, \cdots$ e a_p.

144CAPÍTULO 10. MÉTODO DE MÁXIMA VEROSSIMILHANÇA

10.3 Método de máxima verossimilhança

O problema de ajustar a melhor função $f(x)$ a um conjunto de pontos experimentais só pode ser resolvido a partir de um critério que defina objetivamente o que é a *melhor função*. Um princípio geral é o *método de máxima verossimilhança*, que também pode ser chamado de *princípio de máxima verossimilhança*.

No caso específico de ajuste de função a um conjunto de pontos experimentais, o *método de máxima verossimilhança*, pode ser formulado como:

A melhor função $f(x)$ para descrever um conjunto de pontos experimentais é tal que esse conjunto de pontos é o mais verossímil possível, se a função $f(x)$ é admitida como a função verdadeira.

A idéia envolvida no método de máxima verossimilhança é admitir que *ocorreu o resultado que tinha maior probabilidade de ocorrer*[2]. Evidentemente, as coisas podem ter ocorrido de maneira bastante diferente. Entretanto, admitir que tenha ocorrido o que era mais provável parece ser a melhor hipótese que pode ser feita.Esta idéia é mostrada no Exemplo 1, a seguir.

No caso de ajuste de função, o método consiste em determinar a função $f(x)$ para a qual é máxima a probabilidade de ocorrer o particular conjunto de pontos experimentais, quando a função é considerada como a verdadeira. Isto torna o conjunto de pontos o mais verossímil possível.

Conforme observado na Seção 10.2, o problema consiste em determinar a melhor função entre tipos de funções com formas predeterminadas. Tais funções são caracterizadas por parâmetros a_1, a_2, $\cdots$, a_p. Assim, o problema de ajustar uma função $f(x)$ se reduz a obter os parâmetros que tornam máxima a probabilidade para o conjunto de pontos em questão.

Procedimentos analíticos para ajustar polinômios e outras funções simples a pontos experimentais são apresentados nos Capítulos 11 e 12. O ajuste de funções a pontos experimentais por métodos analíticos e numéricos é detalhadamente apresentado na Referência 9.

---

[2]Na verdade, muitas das conclusões ou generalizações que as pessoas fazem na vida quotidiana são baseadas nesta idéia.

10.3. MÉTODO DE MÁXIMA VEROSSIMILHANÇA

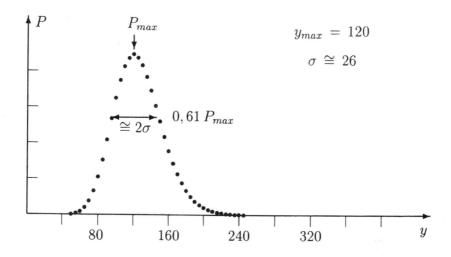

Figura 10.2. *Probabilidade de obter 20 resultados "1" em y jogadas de um dado. O máximo ocorre para* $y = y_{max} = 120$.

Exemplo 1. *Quantas vezes o dado foi jogado?*
Um dado foi jogado y_v vezes e tudo o que se sabe é que o resultado "1" foi obtido 20 vezes. Evidentemente, não é possível determinar quantas vezes o dado foi jogado. A única afirmação possível *com certeza absoluta* é que o dado foi jogado 20 vezes ou mais ($y_v \geq 20$).

Conforme o método de máxima verossimilhança, a melhor estimativa para o valor verdadeiro y_v é o valor y_m tal que a probabilidade de ocorrência de 20 resultados "1" é máxima. Em cada jogada, a probabilidade de ocorrer "1" é 1/6. A máxima probabilidade de se obter 20 resultados "1" ocorre para 120 jogadas. Assim, $y_m = 120$ é a melhor estimativa para y_v.

A Figura 10.2 mostra, em valores relativos, a probabilidade de ocorrer 20 resultados "1" em y jogadas. A curva de probabilidades é aproximadamente gaussiana e o desvio padrão é $\sigma \cong 26$. Assim, a melhor estimativa e a respectiva incerteza podem ser escritas como

$$y_m = (120 \pm 26).$$

Esta é a resposta que torna mais verossímil os resultados obtidos.

146 CAPÍTULO 10. MÉTODO DE MÁXIMA VEROSSIMILHANÇA

10.4 Qualidade de um ajuste de função

No que segue é apresentado um *critério simples,* para a avaliação da *qualidade* do ajuste de uma função de p parâmetros a um grande número n de pontos experimentais ($p << n$). Apesar de bastante rudimentar, o critério permite comparar a verossimilhança de diferentes funções ajustadas.

Os pontos experimentais não devem ser muito distantes da curva correspondente à melhor função, mas também não devem ser muito próximos da curva, pois ambas as situações são inverossímeis devido aos erros estatísticos. Isto é, as distâncias dos pontos experimentais à curva ajustada devem ser coerentes com as incertezas estatísticas, para que a *distribuição dos pontos em relação à curva seja verossímil.*

Em geral, para grande número de pontos experimentais e uma função de poucos parâmetros ajustados ($p << n$), a função ajustada $f(x)$ pode ser considerada uma aproximação para a *função verdadeira.* Assim, o erro η_i em cada ponto é dado aproximadamente por

$$\eta_i \approx y_i - f(x_i). \tag{10.2}$$

Admitindo *distribuições de erro gaussianas,* pode-se considerar um intervalo de confiança para o erro[3] :

$$-\sigma_i < \eta_i < \sigma_i \quad (\text{com confiança} \approx 68\%). \tag{10.3}$$

Isto significa que, em média, aproximadamente 68% dos erros devem ter módulos menores que σ_i. Aproximadamente, η_i é a distância vertical entre o ponto e a função ajustada, e σ_i é a metade da "barra de incerteza". Assim, pode-se admitir a seguinte *regra aproximada* :

Para grande número de pontos experimentais, cerca de 2/3 ($\approx 68\%$) das "barras de incerteza" devem cruzar a curva ajustada. Assim, cerca de 1/3 das "barras de incerteza" não devem cruzar a curva ajustada.

Esta regra só pode ser usada se as incertezas estatísticas σ_i foram estimadas corretamente. Na prática, pode ocorrer que as as incertezas tenham sido subestimadas ou superestimadas, de forma que esta regra deve aplicada com bastante critério e bom senso.

---

[3] Ver Equação 4.4 e Seção 4.4.

10.4. QUALIDADE DE UM AJUSTE DE FUNÇÃO

Um critério mais elaborado[4] para avaliar a qualidade de um ajuste de função é apresentado no Capítulo 14. Entretanto, mesmo os critérios mais elaborados não funcionam bem quando as incertezas não são estimadas corretamente.

Exemplo 2. *Verossimilhança no ajuste de polinômios.*

A Figura 10.3 mostram exemplos de polinômios ajustados a um mesmo conjunto de pontos experimentais. O desvio padrão estatístico é representado pelas barras de incertezas em cada ponto experimental.

Conforme o grau do polinômio aumenta, melhora o acordo entre a curva ajustada e os pontos experimentais. À primeira vista, o ajuste de poliômio de 2o grau (parábola) parece bom e o polinômio de 3o grau parece melhor ainda. Entretanto, o melhor ajuste é o da reta, pois é a condição mais verossímil. No caso, cerca de 2/3 das "barras de incerteza" cruzam a reta.

No caso da parábola, todas as "barras de incerteza" cruzam a curva ajustada. A probabilidade de que todos os 12 pontos tenham erros com módulos menores que σ_i é aproximadamente $0,68^{12} \cong 0,01$ (1%). Isto é bastante improvável e a verossimilhança é maior para a reta.

No caso de um polinômio de 3o grau, a situação é *completamente inverossímil*. A probabilidade de que ocorram 12 erros η_i com módulos aproximadamente iguais a $\cong \sigma_i/2$ ou menores, é da ordem de grandeza $\approx (0,36)^{12} \approx 5 \times 10^{-6}$ (0,0005%). Portanto, este ajuste é completamente inverossímil.

Por outro lado, é importante observar que as conclusões acima são válidas quando as incertezas σ_i são corretas. Na prática, frequentemente ocorre que as incertezas são um pouco subestimadas ou um pouco superestimadas. Nestes casos, as conclusões são bem mais difíceis e os modelos teóricos são de grande ajuda na análise dos resultados de ajustes. Por exemplo, pode ocorrer que exista uma razoável certeza de que o comportamento de $y \times x$ deva ser descrito por uma parábola e também exista possibilidade de que as incertezas tenham sido um pouco superestimadas. Neste caso, o ajuste de parábola pode ser considerado o mais aceitável.

---

[4]Critério de χ^2-*reduzido*.

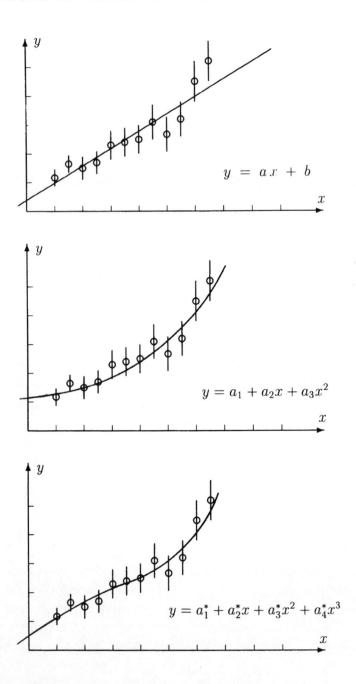

Figura 10.3. *Ajuste de um polinômios a um conjunto de pontos.*

Capítulo 11

Método dos mínimos quadrados

Resumo

O método dos mínimos quadrados é deduzido neste capítulo a partir do método de máxima verossimilhança, que é um princípio mais geral. Como exemplos, o método é aplicado para se deduzir a melhor estimativa de um mensurando no caso de n medições idênticas (em condições de "repetitividade") e no caso de medições não idênticas (em condições de "reprodutibilidade"). O peso estatístico de um resultado é definido.

11.1 Dedução do método

Num processo de medição com duas variáveis x e y, obtém-se um conjunto de n pontos experimentais que podem ser indicados por

$$\{x_1, y_1, \sigma_1\}, \{x_2, y_2, \sigma_2\}, \cdots, \{x_i, y_i, \sigma_i\}, \cdots, \{x_n, y_n, \sigma_n\}, \quad (11.1)$$

onde a variável independente x_i é considerada isenta de erros, enquanto a incerteza estatística na variável y_i é dada pelo desvio padrão estatístico σ_i. Quando a incerteza em x é significativa, deve ser transferida para a variável y, conforme regras para propagação de incertezas (Seção 8.6 do Capítulo 8).

150 CAPÍTULO 11. MÉTODO DOS MÍNIMOS QUADRADOS

O *método dos mínimos quadrados* para ajuste de uma função $f(x)$ a um conjunto de pontos experimentais pode ser deduzido do *método de máxima verossimilhança*, quando as seguintes condições são satisfeitas:

- As distribuições de erros são gaussianas.

- A melhor função $f(x)$ deve ser determinada a partir de uma função geral $f(x; a_1, a_2, \cdots, a_p)$, previamente escolhida. Isto é, a função $f(x)$ tem *forma e número de parâmetros predeterminados*.

Esta segunda condição significa que a melhor função $f(x)$ é

$$f(x) = f(x; a_1, a_2, \cdots, a_p),\qquad(11.2)$$

onde *os particulares valores* $a_1, a_2, \cdots, a_p$, devem determinados conforme o método dos mínimos quadrados.

Por exemplo, a função geral a ser ajustada pode ser escolhida como um polinômio de 2º grau:

$$f(x; a_1, a_2, a_3) = a_1 + a_2 x + a_3 x^2$$

e o método dos mínimos quadrados permite determinar os melhores valores para a_1, a_2 e a_3. Entretanto, a forma da função e o número de parâmetros são predeterminados.

Considerando o conjunto de resultados 11.1, a probabilidade P_i de obter um resultado qualquer $\{x_i, y_i, \sigma_i\}$ é proporcional à função gaussiana de densidade de probabilidade (Equação 3.3):

$$P_i = \frac{C}{\sigma_i} e^{-\frac{1}{2}\left(\frac{y_i-\mu_i}{\sigma_i}\right)^2},\qquad(11.3)$$

onde μ_i é o valor médio verdadeiro correspondente a y_i e C é uma constante de proporcionalidade. A probabilidade P de ocorrer o conjunto de resultados é o produto das probabilidades de cada resultado:

$$P = P_1 P_2 \dots P_n = \frac{C^n}{\sigma_1 \sigma_2 \cdots \sigma_n} e^{-\frac{1}{2}\sum_{i=1}^{n}\left(\frac{y_i-\mu_i}{\sigma_i}\right)^2}.\qquad(11.4)$$

Conforme o método de máxima verossimilhança, a *melhor aproximação* $f(x)$ deve ser tal que a esta probabilidade é máxima, se $f(x)$ é admitida como a função verdadeira.

11.1. DEDUÇÃO DO MÉTODO

Substituindo μ_i por $f(x_i; a_1, a_2, \cdots a_p)$ em 11.4, obtém-se

$$P = \frac{C^n}{\sigma_1 \sigma_2 \cdots \sigma_n} e^{-\frac{1}{2}\chi^2}, \qquad (11.5)$$

onde

$$\chi^2 = \sum_{i=1}^{n} \left[\frac{y_i - f(x_i; a_1, a_2, \cdots, a_p)}{\sigma_i} \right]^2. \qquad (11.6)$$

Assim, os parâmetros a_1, a_2, $\cdots$, a_p devem ser tais que a probabilidade P e máxima. Uma vez que P pode ser entendida como uma simples função decrescente de χ^2, um máximo de P ocorre quando χ^2 é mínimo.

Em resumo, se $f(x_i; a_1, a_2, \cdots, a_p)$ é uma função previamente escolhida, os parâmetros a_1, a_2, $\cdots$, a_p devem ser tais que minimizam a *soma dos quadrados* na expressão 11.6

$$\chi^2(a_1, a_2, \ldots, a_p) = \sum_{i=1}^{n} \left[\frac{y_i - f(x_i; a_1, a_2, \cdots, a_p)}{\sigma_i} \right]^2, \qquad (11.7)$$

onde χ^2 é entendido como função dos parâmetros $a_1, a_2, \cdots, a_p$.

No caso particular em que as incertezas σ_i são iguais,

$$\sigma_1 = \sigma_2 = \cdots = \sigma_n \equiv \sigma, \qquad (11.8)$$

obtém-se

$$\chi^2 = \frac{S}{\sigma^2}, \quad \text{onde} \quad S = \sum_{i=1}^{n} \left[y_i - f(x_i; a_1, a_2 \cdots, a_p) \right]^2, \qquad (11.9)$$

e os parâmetros $a_1, a_2, \cdots, a_p$ devem ser tais que minimizam S. Num gráfico, S representa a *soma dos quadrados das distâncias* verticais dos pontos experimentais à curva que representa $f(x)$.

No caso de incertezas iguais, a melhor função $f(x)$ é obtida de maneira independente das incertezas (σ) nos pontos experimentais.

O método dos mínimos quadrados é utilizado nos próximos capítulos para ajuste de funções lineares nos parâmetros, que incluem reta e polinômios em geral. No que segue, o método é aplicado à dedução de expressões para valores médios.

152   CAPÍTULO 11. MÉTODO DOS MÍNIMOS QUADRADOS

11.2   Melhor aproximação em n medições

Um problema importante é o de obter *a melhor aproximação* para n resultados de medições de uma mesma grandeza y , feitas *em condições de reprodutibilidade*. Isto é, as medições são realizadas por meio de diferentes métodos, diferentes experimentadores ou diferentes instrumentos, de forma que *a distribuição de erros estatísticos pode ser diferente para cada medição*. As distribuições de erros são admitidas como sendo *gaussianas* e a cada um dos resultados está associada uma incerteza padrão diferente:

$$y_1 \to \sigma_1 \, , \ \ y_2 \to \sigma_2 \, , \ \ \cdots \, , \ \ y_n \to \sigma_n \, . \tag{11.10}$$

Este problema pode ser entendido como um caso particular de ajuste de função, no qual a função a ser ajustada é uma *simples constante*:

$$f(x) \; = \; a_1 \; = \; constante \tag{11.11}$$

e $a_1 \equiv y$ é o *único* parâmetro a ser ajustado. Assim,

$$\chi^2 \; = \; \sum_{i=1}^{n} (\frac{y_i - y}{\sigma_i})^2 \tag{11.12}$$

deve ser mínimo em relação ao parâmetro y . Isto é,

$$\frac{d(\chi^2)}{dy} \; = \; 0 \qquad e \qquad \chi^2 \; \text{deve ser um mínimo}\, . \tag{11.13}$$

Observando a expressão para χ^2 em função de y , pode ser visto que é a equação de uma parábola com concavidade para cima. Portanto, a solução de $d\chi^2/dy = 0$ só pode ser um mínimo. Assim,

$$\frac{d(\chi^2)}{dy} \; = \; (-2) \sum_{i=1}^{n} \frac{(y_i - y)}{\sigma_i^2} \; = \; (-2) \, [\sum_{i=1}^{n} \frac{y_i}{\sigma_i^2} \; - \; y \sum_{i=1}^{n} \frac{1}{\sigma_i^2}] \; = \; 0 \, .$$

Resolvendo para y , obtém-se a *melhor aproximação* para um conjunto de n resultados experimentais para uma mesma grandeza :

$$y \; = \; \frac{\sum_{i=1}^{n} \frac{y_i}{\sigma_i^2}}{\sum_{i=1}^{n} \frac{1}{\sigma_i^2}} \, . \tag{11.14}$$

11 2. MELHOR APROXIMAÇÃO EM N MEDIÇÕES 153

O resultado também pode ser escrito como

$$y = \frac{\sum_{i=1}^{n} p_i\, y_i}{\sum_{i=1}^{n} p_i}\,, \tag{11.15}$$

onde

$$p_i = \frac{1}{\sigma_i^2}\,. \tag{11.16}$$

Isto é, a melhor aproximação y é a *média ponderada* dos resultados das medições y_i, com *pesos* p_i. Por isso, p_i é definido como *peso estatístico* da medição ou *peso estatístico* de y_i.

O resultado y pode ser interpretado como a posição do *baricentro* dos pontos experimentais, entendidos como *pontos materiais* colocados no eixo-y e com massas $m_i \equiv p_i$.

A incerteza σ_y na melhor aproximação y, pode ser obtida de 11.15, usando a fórmula 8.1 para propagação de incertezas, uma vez que y é uma quantidade que é calculada em função das quantidades $y_1, y_2, \ldots, y_n$. Assim,

$$\sigma_y^2 = (\frac{\partial y}{\partial y_1})^2 \sigma_1^2 + (\frac{\partial y}{\partial y_2})^2 \sigma_2^2 + \cdots + (\frac{\partial y}{\partial y_n})^2 \sigma_n^2 = \sum_{j=1}^{n} (\frac{\partial y}{\partial y_j})^2 \sigma_j^2\,, \tag{11.17}$$

onde

$$\frac{\partial y}{\partial y_j} = \frac{\partial}{\partial y_j} \frac{\sum_{i=1}^{n} p_i\, y_i}{\sum_{i=1}^{n} p_i} = \frac{p_j}{\sum_{i=1}^{n} p_i}\,. \tag{11.18}$$

Substituindo em 11.17 e simplificando, obtém-se

$$\sigma_y^2 = \frac{1}{\sum_{i=1}^{n} \frac{1}{\sigma_i^2}} = \frac{1}{\sum_{i=1}^{n} p_i}\,. \tag{11.19}$$

Exemplo 1. *Média para 2 medições não similares.*

Uma mesma grandeza G é medida por meio de diferentes métodos, obtendo-se os seguintes resultados :

$$G_1 = (4,62 \pm 0,12) \qquad e \qquad G_2 = (4,1 \pm 0,3)\,,$$

onde $\sigma_1 = 0,12$ e $\sigma_2 = 0,3$ são as incertezas padrões nestes resultados.

154   *CAPÍTULO 11. MÉTODO DOS MÍNIMOS QUADRADOS*

O problema consiste em determinar a melhor aproximação G para a grandeza.

A solução do problema é mais complicada do que parece à primeira vista. Uma solução possível é extrair uma *média simples* dos resultados G_1 e G_2. Mas isto é incorreto, pois é óbvio que a medição com menor incerteza deve influir mais no resultado final. Outra solução seria simplesmente desprezar a medição G_2 de maior incerteza, mas isto equivale a jogar fora uma informação disponível. A solução correta do problema é obtida calculando-se a média ponderada dos resultados das medições conforme 11.14 ou 11.15:

$$ G = \frac{p_1 G_1 + p_2 G_2}{p_1 + p_2} , $$

onde

$$ p_1 = \frac{1}{\sigma_1^2} \cong 69 \qquad e \qquad p_2 = \frac{1}{\sigma_2^2} \cong 11 . $$

Como pode ser visto, o peso estatístico do resultado G_1 é mais de 6 vezes maior que o peso estatístico de G_2. A incerteza padrão em G é dada por 11.19. Assim, obtém-se o resultado final:

$$ G = (4,55 \pm 0,11) . $$

Exemplo 2. *Medições com uma régua e um paquímetro.*

Se uma determinada distância é medida com uma régua comum, a incerteza padrão é $\sigma_{rg} \cong 0,5\,mm$. Repetindo-se a medição com um paquímetro simples (nônio de 10 divisões), a incerteza padrão é $\sigma_{pq} \cong 0,05\,mm$. Assim, o peso estatístico do resultado obtido com paquímetro é cerca de 100 vezes maior que o da régua. Na prática, não tem muito sentido realizar as duas medições e extrair a média ponderada, pois o resultado obtido com a régua é desprezível.

As incertezas consideradas para a régua e para o paquímetro são completamente independentes entre si. Por isso, neste contexto, tais incertezas podem ser consideradas estatísticas.

11.3 Média para n medições idênticas

Por medições *idênticas* de uma grandeza y, entende-se medições realizadas em condições de repetitividade. Isto é, as medições são repetidas da mesma maneira, pelo mesmo experimentador e com os mesmo instrumentos. Neste caso, os resultados

$$y_1 , \quad y_2 , \quad y_3 , \quad \cdots , \quad y_n \qquad (11.20)$$

correspondem à *mesma distribuição de erros* e as incertezas são iguais

$$\sigma_1 = \sigma_2 = \cdots = \sigma_n \equiv \sigma .$$

A *melhor aproximação* y e a respectiva incerteza σ_y são dados respectivamente por 11.15 e 11.19, onde os pesos estatísticos p_i são iguais:

$$y \equiv \overline{y} = \frac{\sum_{i=1}^{n} y_i}{n} \qquad e \qquad \sigma_{\overline{y}} = \frac{\sigma}{\sqrt{n}} . \qquad (11.21)$$

Assim, conforme o método dos mínimos quadrados, a *melhor aproximação* que pode ser obtida de um conjunto de medições idênticas é uma média simples dos resultados. Entretanto, deve ser lembrado que foi explicitamente admitido que a distribuição de erros é gaussiana. Na verdade, os resultados 11.21 são válidos para qualquer *distribuição de erros simétrica*. Para uma distribuição de erros assimétrica, a média simples *não seria* a melhor aproximação para a grandeza.

Exemplo 3. *Média para resultados de 3 medições idênticas.*

As incertezas nas medições são iguais e conforme o método dos mínimos quadrados, a melhor aproximação é a média simples dos resultados:

$$y \equiv \overline{y} = \frac{\sum_{i=1}^{n} y_i}{n} = y_1 + y_2 + y_3 .$$

Conforme mostrado, este resultado é consequência de minimizar a soma dos quadrados dos desvios $d_i = y_i - y$:

$$S = \sum_{i=1}^{3} (y_i - y)^2 = \frac{1}{3} (d_1^2 + d_2^2 + d_3^2) .$$

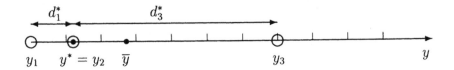

Figura 11.1. *O valor médio $\bar{y}$ é tal que a soma dos quadrados dos desvios $d_i = (y_i - \bar{y})$ é mínima. O valor y^* é o valor obtido, minimizando a soma dos módulos dos desvios.*

Isto é, a média $\bar{y}$ é o valor de y que minimiza a *soma dos quadrados dos desvios* $d_i = (y_i - y)$.

Um *método alternativo* que pode parecer razoável à primeira vista consiste em obter a melhor aproximação y^* minimizando a *soma dos módulos dos desvios* :

$$S^* = \mid d_1^* \mid + \mid d_2^* \mid + \mid d_3^* \mid \qquad \text{onde} \quad d_i^* = y_i - y^*.$$

Admitindo $y_1 \leq y_2 \leq y_3$, a melhor aproximação y^* deve estar entre y_1 e y_3 e

$$\mid d_1^* \mid + \mid d_3^* \mid = (y_3 - y^*) + (y^* - y_1) = (y_3 - y_1).$$

Assim, a soma $\mid d_1^* \mid + \mid d_3^* \mid$ é independente de y^*. Para minimizar a soma S^*, basta minimizar d_2^*. A solução é bastante simples:

$$\mid d_2^* \mid = 0 \qquad \text{ou} \qquad y^* = y_2.$$

O resultado pode ser generalizado para qualquer número ímpar de pontos, resultando que y^* deve ser o valor *intermediário* do conjunto de pontos. No caso de um número par de pontos, o resultado y^* seria o valor médio dos 2 *pontos intermediários*.

No caso de apenas 3 medições, o resultado não é muito razoável. Por exemplo, considerando y_2 bem próximo de y_1, o valor y^* seria bem próximo de y_1, o que não é muito razoável.

Como pode ser visto neste exemplo, minimizar a *soma dos quadrados das distâncias* parece ser um procedimento melhor que minimizar a *soma dos módulos das distâncias*.

Capítulo 12

Função linear nos parâmetros

Resumo

Neste capítulo, o método dos mínimos quadrados é aplicado para função linear de determinados parâmetros, que devem ser ajustados a um conjunto de pontos experimentais. As expressões para os parâmetros e as respectivas variâncias e covariâncias são deduzidas. Tópicos relacionados são também discutidos, tais como independência entre parâmetros, ajuste de função no caso de incertezas iguais e valor médio de χ^2, que é igual ao número de graus de liberdade no ajuste.

12.1 Solução geral para os parâmetros

Para um processo de medição com apenas duas variáveis x e y, um conjunto de n pontos experimentais pode ser representado por

$$\{x_1, y_1, \sigma_1\}, \{x_2, y_2, \sigma_2\}, \cdots, \{x_i, y_i, \sigma_i\}, \cdots, \{x_n, y_n, \sigma_n\}, \quad (12.1)$$

onde a variável independente x é considerada isenta de erros, enquanto a incerteza estatística em y_i é dada pelo desvio padrão σ_i. Somente incertezas estatísticas devem ser consideradas e as distribuições de erro são admitidas como gaussianas. Se a incerteza em x é significativa, esta incerteza deve ser transferida para a variável y, conforme as regras de propagação de incertezas deduzidas no Capítulo 8 (Seção 8.6).

157

158 CAPÍTULO 12. FUNÇÃO LINEAR NOS PARÂMETROS

Uma função $f(x; a_1, a_2, \cdots, a_p)$ da variável x e de p parâmetros a_j, é uma *função linear com relação a esses parâmetros*, se é uma função da forma

$$f(x; a_1, a_2, \cdots, a_p) = a_1 f_1(x) + a_2 f_2(x) + \cdots + a_p f_p(x), \quad (12.2)$$

onde $f_1(x), f_2(x), \cdots, f_p(x)$ são *funções conhecidas de x e linearmente independentes entre si*. A derivada em relação a a_j também é uma função conhecida e independente dos parâmetros:

$$\frac{\partial f}{\partial a_j} = f_j \quad (12.3)$$

Conforme o método dos mínimos quadrados, a soma

$$\chi^2 = \sum_{i=1}^{n} \left[\frac{y_i - f(x_i; a_1, a_2, \cdots, a_p)}{\sigma_i} \right]^2 \quad (12.4)$$

deve ser mínima, para os melhores valores dos parâmetros. Assim, obtém-se um conjunto de equações

$$\frac{\partial \chi^2}{\partial a_j} = 0 \qquad \text{para} \quad j = 1, 2, 3, \cdots, p \quad (12.5)$$

ou

$$-2 \sum_{i=1}^{n} \frac{1}{\sigma_i^2} \left[y_i - a_1 f_1(x_i) - a_2 f_2(x_i) - \cdots - a_p f_p(x_i) \right] f_j(x_i) = 0. \quad (12.6)$$

Rearranjando os termos, estas equações podem ser escritas como

$$\left[\sum_{i=1}^{n} \frac{f_1 f_1}{\sigma_i^2} \right] a_1 + \left[\sum_{i=1}^{n} \frac{f_1 f_2}{\sigma_i^2} \right] a_2 + \cdots + \left[\sum_{i=1}^{n} \frac{f_1 f_p}{\sigma_i^2} \right] a_p = \sum_{i=1}^{n} \frac{y_i f_1}{\sigma_i^2},$$

$$\left[\sum_{i=1}^{n} \frac{f_2 f_1}{\sigma_i^2} \right] a_1 + \left[\sum_{i=1}^{n} \frac{f_2 f_2}{\sigma_i^2} \right] a_2 + \cdots + \left[\sum_{i=1}^{n} \frac{f_2 f_p}{\sigma_i^2} \right] a_p = \sum_{i=1}^{n} \frac{y_i f_2}{\sigma_i^2},$$

$$\cdots \qquad \cdots \qquad \cdots \qquad \cdots \qquad \cdots, \quad (12.7)$$

$$\left[\sum_{i=1}^{n} \frac{f_p f_1}{\sigma_i^2} \right] a_1 + \left[\sum_{i=1}^{n} \frac{f_p f_2}{\sigma_i^2} \right] a_2 + \cdots + \left[\sum_{i=1}^{n} \frac{f_p f_p}{\sigma_i^2} \right] a_p = \sum_{i=1}^{n} \frac{y_i f_p}{\sigma_i^2}.$$

12.1. SOLUÇÃO GERAL PARA OS PARÂMETROS 159

A quantidade x_i foi omitida em $f_j(x_i)$, indicada apenas por f_j. Esta notação é um pouco confusa, pois as somas são para o índice i. Entretanto, é inviável escrever $f_j(x_i)$ nas fórmulas muito longas ou matrizes.

Uma vez que, $f_j(x_i)$, y_i e σ_i são conhecidos, as Equações 12.7 constituem um sistema de p equações lineares para a_1, a_2, $\cdots$, a_p. Formalmente, as equações podem ser escritas na forma matricial

$$\mathcal{M}\,\mathcal{A} \;=\; \mathcal{B}\,, \tag{12.8}$$

onde

$$\mathcal{A} \;=\; \begin{bmatrix} a_1 \\ a_2 \\ \cdots \\ a_p \end{bmatrix}, \qquad \mathcal{B} \;=\; \begin{bmatrix} \sum_{i=1}^n \frac{y_i f_1}{\sigma_i^2} \\ \sum_{i=1}^n \frac{y_i f_2}{\sigma_i^2} \\ \cdots \\ \sum_{i=1}^n \frac{y_i f_p}{\sigma_i^2} \end{bmatrix} \tag{12.9}$$

e

$$\mathcal{M} \;=\; \begin{bmatrix} \sum_{i=1}^n \frac{1}{\sigma_i^2} f_1^2 & \sum_{i=1}^n \frac{1}{\sigma_i^2} f_1 f_2 & \cdots & \sum_{i=1}^n \frac{1}{\sigma_i^2} f_1 f_p \\ \sum_{i=1}^n \frac{1}{\sigma_i^2} f_2 f_1 & \sum_{i=1}^n \frac{1}{\sigma_i^2} f_2^2 & \cdots & \sum_{i=1}^n \frac{1}{\sigma_i^2} f_2 f_p \\ \cdots & \cdots & \cdots & \cdots \\ \sum_{i=1}^n \frac{1}{\sigma_i^2} f_p f_1 & \sum_{i=1}^n \frac{1}{\sigma_i^2} f_p f_2 & \cdots & \sum_{i=1}^n \frac{1}{\sigma_i^2} f_p^2 \end{bmatrix}. \tag{12.10}$$

A solução para o sistema de equações 12.7 pode ser escrita na forma

$$\mathcal{A} \;=\; \mathcal{M}^{-1}\,\mathcal{B}\,, \tag{12.11}$$

onde $\mathcal{M}^{-1}$ indica a matriz inversa da matriz $\mathcal{M}$. Cada parâmetro a_j é dado por

$$a_j \;=\; \sum_{k=1}^p m_{jk}\,B_k\,, \tag{12.12}$$

onde m_{jk} é o elemento da linha j e coluna k da matriz $\mathcal{M}^{-1}$ e B_k é o elemento da linha k da matriz $\mathcal{B}$.

Deve ser observado que as Equações 12.8 só têm solução única se as funções $f_j(x)$ são linearmente independentes[1].

---

[1] Ver Questão 2.

160   CAPÍTULO 12. FUNÇÃO LINEAR NOS PARÂMETROS

12.2 Inversão de matrizes

Existem vários métodos para inversão de matrizes. O método mais usual para matrizes até 3ª ordem é resumido a seguir.

Para uma matriz quadrada de ordem p, dada por

$$\mathcal{M} = \begin{bmatrix} M_{11} & M_{12} & \cdots & M_{1p} \\ M_{21} & M_{22} & \cdots & M_{2p} \\ \cdots & \cdots & \cdots & \cdots \\ M_{p1} & M_{p2} & \cdots & M_{pp} \end{bmatrix},$$

o *cofator* de um elemento M_{ij} é definido por

$$cof(M_{ij}) = (-1)^{(i+j)} \Delta_{ij}, \qquad (12.13)$$

onde Δ_{ij} é o determinante da matriz obtida suprimindo da matriz $\mathcal{M}$ a linha i e a coluna j, correspondentes ao elemento M_{ij}.

O determinante da matriz $\mathcal{M}$ pode ser calculado, a partir de uma linha j qualquer, como

$$\Delta = det(\mathcal{M}) = \sum_{k=1}^{p} M_{jk} \, cof(M_{jk}). \qquad (12.14)$$

Isto é, multiplicando cada elemento da linha j pelo respectivo cofator e somando os resultados. A mesma regra é válida em relação a uma coluna qualquer.

A *inversa* da matriz $\mathcal{M}$ é dada por

$$\mathcal{M}^{-1} = \frac{1}{\Delta} \begin{bmatrix} cof(M_{11}) & cof(M_{21}) & \cdots & cof(M_{p1}) \\ cof(M_{12}) & cof(M_{22}) & \cdots & cof(M_{p2}) \\ \cdots & \cdots & \cdots & \cdots \\ cof(M_{1p}) & cof(M_{2p}) & \cdots & cof(M_{pp}) \end{bmatrix}. \qquad (12.15)$$

Isto é, a matriz inversa de $\mathcal{M}$ é *transposta da matriz dos cofatores, multiplicada por* $(1/\Delta)$.

12.3 Incertezas nos parâmetros

Cada parâmetro a_j é dado por 12.12:

$$a_j = \sum_{k=1}^{p} m_{jk} \sum_{i=1}^{n} \frac{y_k f_k(x_i)}{\sigma_i^2},$$

onde m_{jk} é o elemento jk da matriz $\mathcal{M}^{-1}$. A incerteza em a_j pode ser obtida diretamente da expressão 8.1 para propagação de incertezas:

$$\sigma_{a_j}^2 = \sum_{i=1}^{n} \left(\frac{\partial a_j}{\partial y_i}\right)^2 \sigma_i^2, \qquad (12.16)$$

onde

$$\frac{\partial a_j}{\partial y_i} = \sum_{k=1}^{p} m_{jk} \frac{f_k(x_i)}{\sigma_i^2}.$$

Assim,

$$\left(\frac{\partial a_j}{\partial y_i}\right)^2 \sigma_i^2 = \frac{1}{\sigma_i^2}\left[\sum_{k=1}^{p} m_{jk} f_k(x_i)\right]^2 = \frac{1}{\sigma_i^2}\left[\sum_{k=1}^{p} m_{jk} f_k(x_i)\right]\left[\sum_{q=1}^{p} m_{jq}f_q(x_i)\right]$$

e

$$\sum_{i=1}^{n}\left(\frac{\partial a_j}{\partial y_i}\right)^2 \sigma_i^2 = \sum_{q=1}^{p}\sum_{q=1}^{p} m_{jk} m_{jq} \sum_{i=1}^{n} \frac{f_q(x_i) f_k(x_i)}{\sigma_i^2}.$$

Observando que $\sum_{i=1}^{n} \frac{f_q(x_i) f_k(x_i)}{\sigma_i^2} = M_{qk}$ é elemento da matriz $\mathcal{M}$ e m_{jq} é elemento da matriz $\mathcal{M}^{-1}$, resulta que

$$\sum_{q=1}^{p} m_{jq} M_{qk} = (\mathcal{M}\mathcal{M}^{-1})_{jk} = \delta_{jk},$$

onde $\delta_{jj} = 1$ e $\delta_{jk} = 0$ para $k \neq j$. Assim,

$$\sigma_{a_j}^2 = \sum_{i=1}^{n}\left(\frac{\partial a_j}{\partial y_i}\right)^2 \sigma_i^2 = \sum_{k=1}^{p} m_{jk} \delta_{jk} = m_{jj}.$$

Isto é, a variância σ_{aj}^2 do parâmetro a_j é o elemento diagonal m_{jj} da matriz $\mathcal{M}^{-1}$:

$$\sigma_{a_j}^2 = m_{jj} = (\mathcal{M}^{-1})_{jj} \qquad (12.17)$$

162   CAPÍTULO 12.   FUNÇÃO LINEAR NOS PARÂMETROS

12.4   Covariância dos parâmetros

Os parâmetros a_j e a_k são calculados em função das quantidades y_i. Assim, a covariância destes parâmetros pode ser calculada em função de y_i e respectivas incertezas σ_i. Desde que as quantidades y_i sejam estatisticamente independentes, a covariância é dada por[2]

$$\sigma^2_{a_j a_k} = \sum_{i=1}^{n} \frac{\partial a_j}{\partial y_i} \frac{\partial a_k}{\partial y_i} \sigma_i^2 .$$ (12.18)

De maneira inteiramente similar à Equação 12.17 para as variâncias, pode-se mostrar que

$$cov(a_j, a_k) \equiv \sigma^2_{a_j a_k} = m_{jk} = (\mathcal{M}^{-1})_{jk} .$$ (12.19)

Em resumo, os elementos diagonais de $\mathcal{M}^{-1}$ são as variâncias $\sigma^2_{a_j}$ e os elementos não diagonais são as covariâncias $cov(a_j a_k) \equiv \sigma^2_{a_j a_k}$. Por isso, $\mathcal{M}^{-1}$ é chamada *matriz das covariâncias*.

12.5   Ajuste para incertezas iguais

No caso em que as incertezas dos pontos experimentais são iguais, os parâmetros a_1, a_2, $\cdots$, a_p são dados por 12.11 :

$$\mathcal{A} = \begin{bmatrix} a_1 \\ a_2 \\ \cdots \\ a_p \end{bmatrix} = \frac{1}{\sigma^2} \mathcal{M}^{-1} \begin{bmatrix} \sum_{i=1}^{n} y_i f_1 \\ \sum_{i=1}^{n} y_i f_2 \\ \cdots \\ \sum_{i=1}^{n} y_i f_p \end{bmatrix} ,$$ (12.20)

onde $\sigma \equiv \sigma_1 = \sigma_2 = \cdots = \sigma_p$ e

$$\mathcal{M} = \frac{1}{\sigma^2} \begin{bmatrix} \sum_{i=1}^{n} f_1^2 & \sum_{i=1}^{n} f_1 f_2 & \cdots & \sum_{i=1}^{n} f_1 f_p \\ \sum_{i=1}^{n} f_2 f_1 & \sum_{i=1}^{n} f_2^2 & \cdots & \sum_{i=1}^{n} f_2 f_p \\ \cdots & \cdots & \cdots & \cdots \\ \sum_{i=1}^{n} f_p f_1 & \sum_{i=1}^{n} f_p f_2 & \cdots & \sum_{i=1}^{n} f_p^2 \end{bmatrix} .$$

---

[2]Esta expressão é deduzida no Apêndice E.

12.6. INTERPRETAÇÃO DE χ^2

Portanto, $\mathcal{M}^{-1}$ é proporcional a σ^2, resultando de 12.20 que os parâmetros a_1, a_2, $\cdots$, a_p são independentes de σ. Entretanto, a incerteza em cada parâmetro é proporcional a σ, pois

$$\sigma_{a_j}^2 = (\mathcal{M}^{-1})_{jj} = m_{jj}$$

e os elementos de $\mathcal{M}^{-1}$ são proporcionais a σ^2.

12.6 Interpretação de χ^2

Se as incertezas nos pontos experimentais são iguais, a quantidade χ^2 pode ser escrita como

$$\chi^2 = \frac{1}{\sigma^2} \sum_{i=1}^{n} [y_i - f(x_i)]^2, \qquad (12.21)$$

onde $f(x)$ é a função ajustada. O valor médio para χ^2, esperado para grande número de pontos pode ser estimado como segue.

O desvio padrão σ pode ser entendido como o valor médio dos quadrados dos desvios em relação à *função verdadeira* $f_v(x)$, quando o número de pontos tende a infinito. Assim, para grande número de pontos,

$$\sigma^2 \cong \frac{1}{n} \sum_{i=1}^{n} (y_i - f_v)^2 \qquad \text{ou} \qquad \frac{1}{\sigma^2} \sum_{i=1}^{n} (y_i - f_v)^2 \cong n, \qquad (12.22)$$

onde $f_v \equiv f_v(x_i)$. Indicando $f(x_i)$ por f, para simplificar um pouco a notação, pode-se escrever:

$$\frac{1}{\sigma^2} \sum_{i=1}^{n} (y_i - f_v)^2 = \frac{1}{\sigma^2} \sum_{i=1}^{n} [(y_i - f) + (f - f_v)]^2 \qquad (12.23)$$

$$= \frac{1}{\sigma^2} \sum_{i=1}^{n} (y_i - f)^2 + \frac{1}{\sigma^2} \sum_{i=1}^{n} (y_i - f)(f - f_v) + \frac{1}{\sigma^2} \sum_{i=1}^{n} (f - f_v)^2.$$

onde o primeiro termo é χ^2. No segundo termo, deve ser considerado que a função ajustada $f(x)$ é o valor médio correspondente a y_i, em cada posição. Assim, a soma dos desvios $d_i = [y_i - f(x_i)]$ tende a se

164   CAPÍTULO 12. FUNÇÃO LINEAR NOS PARÂMETROS

anular estatisticamente para um grande número de pontos experimentais. Por outro lado, os desvios $[f(x_i) - f_v(x_i)]$ não são correlacionados com com os desvios d_i, pois a função ajustada $f(x)$ representa toda correlação possível entre os valores y_i e $f_v(x)$. Em outras palavras, se existisse qualquer correlação entre os valores y_i e $f_v(x_i)$ que não é contida em $f(x)$, isto significaria a possibilidade de ajustar uma função melhor que $f(x)$. Assim, o segundo termo em 12.23, tende a se anular estatisticamente, para grande número de pontos:

$$\frac{1}{\sigma^2} \sum_{i=1}^{n} (y_i - f)(f - f_v) \cong 0. \qquad (12.24)$$

O terceiro termo em 12.23 é estimado como segue. Uma vez que a função verdadeira $f_v(x)$ é desconhecida, a melhor estimativa que pode ser feita para $(f - f_v)^2$ é a substituição desta quantidade pelo valor médio correspondente que é a variância σ_f^2 para a função ajustada:

$$(f - f_v)^2 \implies \sigma_f^2 \qquad (12.25)$$

Admitindo que *os parâmetros* a_1, a_2, $\cdots$, a_p *são independentes entre si*, a incerteza em $f(x)$ pode ser obtida de 12.2 e da fórmula 8.1 para propagação de incertezas.

Assim, obtém-se

$$\sigma_f^2 = f_1^2 \sigma_{a_1}^2 + f_2^2 \sigma_{a_2}^2 + \cdots + f_p^2 \sigma_{a_p}^2 = \sum_{k=1}^{p} f_k^2 \sigma_{a_k}^2 = \sum_{k=1}^{p} f_k^2 m_{kk}, \qquad (12.26)$$

onde as variâncias $\sigma_{a_k}^2$ foram substituídas por m_{kk}, conforme 12.17. Assim, considerando as Equações 12.25 e 12.26,

$$\frac{1}{\sigma^2} \sum_{i=1}^{n} (f - f_v)^2 \cong \frac{1}{\sigma^2} \sum_{i=1}^{n} \sigma_f^2 = \sum_{i=1}^{n} \sum_{k=1}^{p} \frac{f_k^2}{\sigma^2} m_{kk}$$

ou

$$\frac{1}{\sigma^2} \sum_{i=1}^{n} (f - f_v)^2 \cong \sum_{k=1}^{p} M_{kk} m_{kk},$$

pois $\sum_{i=1}^{n} (f_k/\sigma)^2$ é o elemento kk da matriz $\mathcal{M}$. Uma vez que os parâmetros são admitidos como independentes, as matrizes $\mathcal{M}$ e

12.6. INTERPRETAÇÃO DE χ^2 165

$\mathcal{M}^{-1}$ são diagonais e $M_{kk}\, m_{kk} = 1$. Assim, resulta

$$\frac{1}{\sigma^2} \sum_{i=1}^{n} (f - f_v)^2 \cong \sum_{k=1}^{p} M_{kk}\, m_{kk} \sum_{k=1}^{p} 1 = p \qquad (12.27)$$

Substituindo 12.21, 12.22, 12.24 e 12.27 na expressão 12.23, obtém-se

$$\chi^2 \cong n - p. \qquad (12.28)$$

A quantidade

$$\nu = n - p \qquad (12.29)$$

é definida como *o número de graus de liberdade* no ajuste da função. Em palavras, o número de graus de liberdade é o número de pontos experimentais menos o número de parâmetros ajustados.

Apesar das hipóteses de incertezas iguais e parâmetros independentes, o resultado 12.28 é independente de tais hipóteses. Isto é, a Equação 12.28 é sempre válida com boa aproximação para *grande número de pontos* [3].

A expressão 12.28 pode ser utilizada para *estimar* σ, quando as incertezas σ_i nos pontos experimentais são desconhecidas, mas for possível admitir como boa aproximação que tais incertezas são iguais. Se $f(x)$ é a função ajustada,

$$\chi^2 = \frac{1}{\sigma^2} \sum_{i=1}^{n} [y_i - f(x_i)]^2 \cong (n - p) \qquad (12.30)$$

e σ^2 pode ser escrita como

$$\sigma^2 \cong \frac{1}{n - p} \sum_{i=1}^{n} [y_i - f(x_i)]^2. \qquad (12.31)$$

Esta fórmula é uma generalização da Equação 7.15, para o desvio padrão experimental de n medições idênticas. Neste caso particular, só há um parâmetro ajustado que é a média $\bar{y}$ das medições e

$$\sigma^2 \cong \frac{1}{n - 1} \sum_{i=1}^{n} [y_i - \bar{y})]^2 \qquad (p = 1). \qquad (12.32)$$

---

[3]Ver Capítulo 14.

166   *CAPÍTULO 12.   FUNÇÃO LINEAR NOS PARÂMETROS*

12.7   Independência entre os parâmetros

Às vezes é importante ajustar função $f(x; a_1, a_2, \cdots, a_p)$ com parâmetros independentes ou pelo menos conhecer as condições em que isto ocorre. A condição para que um parâmetro a_j seja independente dos demais parâmetros é que o mínimo de χ^2 ocorra de maneira independente dos demais parâmetros. Isto é,

$$\frac{\partial \chi^2}{\partial a_j} = (-2) \sum_{i=1}^{n} \frac{1}{\sigma_i^2} [y_i - a_1 f_1(x_i) - a_2 f_2(x_i) - \cdots - a_p f_p(x_i)] f_j(x_i) = 0$$

deve ser uma equação independente dos parâmetros, exceto a_j. Isto ocorre se os termos correspondentes aos demais parâmetros se anulam:

$$\sum_{i=1}^{n} \frac{f_k(x_i)\, f_j(x_i)}{\sigma_i^2} = M_{kj} = 0 \qquad \text{para} \quad k \neq j. \tag{12.33}$$

Isto é, os elementos não diagonais de $\mathcal{M}$ devem ser nulos. Assim, o método geral para ter parâmetros independentes consiste em escolher funções $f_1(x)$, $f_2(x)$, $\cdots$, $f_p(x)$, de forma que a matriz $\mathcal{M}$ seja *diagonal*. A covariância de parâmetros independentes é nula. Isto simplifica o cálculo da incerteza em uma grandeza calculada a partir dos parâmetros obtidos[4].

Exemplo 1. *Ajuste de reta com parâmetros independentes.*

No ajuste de uma reta[5]

$$y = a_1 x + a_2,$$

as funções $f_1(x)$ e $f_2(x)$ na expressão 12.2 são

$$f_1(x) = x \qquad \text{e} \qquad f_2(x) = 1.$$

Assim, obtém-se

$$\mathcal{M} = \left[\begin{array}{cc} \sum_{i=1}^{n} \frac{x_i^2}{\sigma_i^2} & \sum_{i=1}^{n} \frac{x_i}{\sigma_i^2} \\ \sum_{i=1}^{n} \frac{x_i}{\sigma_i^2} & \sum_{i=1}^{n} \frac{1}{\sigma_i^2} \end{array} \right].$$

---

[4] Ver Equações 8.1 e 8.22 do Capítulo 8.
[5] O ajuste de reta é detalhadamente discutido no próximo capítulo.

12.7. INDEPENDÊNCIA ENTRE OS PARÂMETROS 167

Para que a_1 e a_2 sejam independentes, $\mathcal{M}$ deve ser diagonal e

$$\sum_{i=1}^{n} \frac{x_i}{\sigma_i^2} = 0.$$

Em geral, isto não ocorre. Assim, pode ser definida uma variável

$$x^* = (x - x_m), \qquad \text{onde} \qquad x_m = \frac{\sum_{i=1}^{n} \frac{x_i}{\sigma_i^2}}{\sum_{i=1}^{n} \frac{1}{\sigma_i^2}}.$$

Em termos desta variável x^*, $\sum (x_i^*/\sigma_i^2) = 0$ e os parâmetros a_1 e a_2 são independentes. Assim, para ajuste de reta, esta simples mudança de variável permite ter parâmetros independentes.

A quantidade x_m é a média dos valores x_i, ponderada pelos pesos estatísticos[6]. Num gráfico, x_m pode ser interpretado como a coordenada x do *baricentro* dos pontos experimentais, entendendo cada ponto com massa igual ao peso estatístico $p_i = 1/\sigma_i^2$. Assim, a variável x^* é tal que o baricentro dos pontos experimentais se situa no eixo-Oy.

Exemplo 2. *Ajuste de duas funções exponenciais.*

A Tabela 12.1 mostra um conjunto de dados experimentais correspondentes a um determinado fenômeno físico. Os pontos experimentais são mostrados no gráfico da Figura 12.1. O fenômeno físico é admitido bem conhecido e descrito como uma superposição das funções

$$f_1(x) = e^{-x} \qquad \text{e} \qquad f_2(x) = e^{4x}.$$

Assim, o problema consiste em ajustar aos pontos experimentais uma função da forma

$$f(x) = a_1 f_1(x) + a_2 f_2(x).$$

Isto é, o problema se resume a determinar os valores de a_1 e a_2 que representam as contribuições de $f_1(x)$ e $f_2(x)$ para o fenômeno.

---

[6]Ver Seção 11.2.

Tabela 12.1. *Conjunto de pontos experimentais.*

x_i	0,1	0,2	0,3	0,4	0,5	0,6	0,7	0,8	0,9	1,0	1,1
y_i	3,11	2,67	2,65	2,43	2,45	2,62	3,22	4,05	5,12	6,59	9,25
σ_i	0,10	0,10	0,12	0,12	0,15	0,15	0,15	0,20	0,20	0,20	0,20

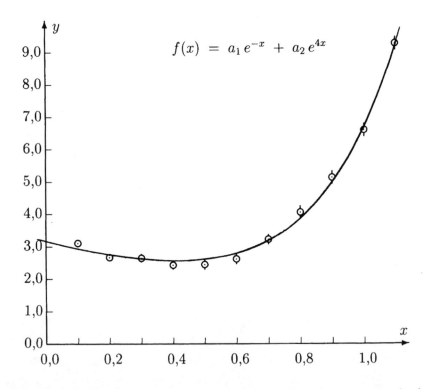

Figura 12.1. *Pontos experimentais (⊙) e função ajustada (—).*

12.7. INDEPENDÊNCIA ENTRE OS PARÂMETROS 169

A função a ser ajustada é linear nos parâmetros, pois $f_1(x)$ e $f_2(x)$ são funções conhecidas e as soluções para os parâmetros são obtidas imediatamente pelas Equações 12.11 e 12.17. Se os coeficientes das exponenciais (-1 e 4) não fossem conhecidos, a função não seria linear nos parâmetros e o problema seria bem mais complicado.

A matriz dos coeficientes do sistema de equações para a_1 e a_2 é

$$\mathcal{M} = \begin{bmatrix} \sum_{i=1}^n \frac{1}{\sigma_i^2} f_1^2 & \sum_{i=1}^n \frac{1}{\sigma_i^2} f_1 f_2 \\ \sum_{i=1}^n \frac{1}{\sigma_i^2} f_2 f_1 & \sum_{i=1}^n \frac{1}{\sigma_i^2} f_2^2 \end{bmatrix} = \begin{bmatrix} 274,25022 & 3377,0946 \\ 3377,0946 & 311944,95 \end{bmatrix},$$

onde $f_j \equiv f_j(x_i)$. A matriz $\mathcal{M}^{-1}$ é dada por 12.15:

$$\mathcal{M}^{-1} = \frac{1}{\Delta} \begin{bmatrix} \sum_{i=1}^n \frac{1}{\sigma_i^2} f_2^2(x_i) & -\sum_{i=1}^n \frac{1}{\sigma_i^2} f_1(x_i) f_2(x_i) \\ -\sum_{i=1}^n \frac{1}{\sigma_i^2} f_2(x_i) f_1(x_i) & \sum_{i=1}^n \frac{1}{\sigma_i^2} f_1^2(x_i) \end{bmatrix},$$

onde

$$\Delta = [\sum \frac{f_1^2}{\sigma_i^2}][\sum \frac{f_2^2}{\sigma_i^2}] - [\sum \frac{f_1 f_2}{\sigma_i^2}]^2 = 74146202.$$

A matriz $\mathcal{B}$ é dada por

$$\mathcal{B} = \begin{bmatrix} \sum_{i=1}^n \frac{y_i f_1(x_i)}{\sigma_i^2} \\ \sum_{i=1}^n \frac{y_i f_2(x_i)}{\sigma_i^2} \end{bmatrix} = \begin{bmatrix} 1185,5906 \\ 41945,632 \end{bmatrix}.$$

A solução para os coeficientes é dada por 12.11:

$$\mathcal{A} = \mathcal{M}^{-1}\mathcal{B} = \begin{bmatrix} a_1 \\ a_2 \end{bmatrix} = \begin{bmatrix} 3,0775 \\ 0,1011 \end{bmatrix}.$$

Conforme 12.17, as variâncias correspondentes são dadas pelos elementos diagonais de $\mathcal{M}^{-1}$:

$$\sigma_{a_1}^2 = (\mathcal{M}^{-1})_{11} = 0,004207 \qquad e \qquad \sigma_{a_2}^2 = (\mathcal{M}^{-1})_{22} = 0,00000370.$$

Os resultados finais para os parâmetros ajustados podem ser escritos como

$$a_1 = (3,078 \pm 0,065) \qquad e \qquad a_2 = (0,1011 \pm 0,0019),$$

sendo

$$\sigma_{a_1 a_2}^2 = (\mathcal{M}^{-1})_{12} = -0,000046.$$

A Figura 12.1 mostra os valores calculados para a função ajustada.

170 CAPÍTULO 12. FUNÇÃO LINEAR NOS PARÂMETROS

Questões

1. A partir da expressão 12.14 para o determinante de uma matriz quadrada, mostrar que

• Se 2 linhas (ou colunas) são iguais, o determinante é nulo.

• Se 2 linhas (ou colunas) são proporcionais, o determinante é nulo.

• Se uma linha (ou coluna) é combinação linear das demais linhas (ou colunas), o determinante se anula.

2. No ajuste de uma função geral do tipo:

$$f(x; a_1, a_2, \cdots, a_p) = a_1 f_1(x) + a_2 f_2(x) + \cdots + a_p f_p(x),$$

deve ser admitido que as funções $f_1(x)$, $f_2(x)$, $\cdots$, $f_p(x)$ são linearmente independentes entre si. Isto é, nenhuma delas pode ser escrita como uma combinação linear das demais.

Mostrar que se as funções $f_1(x)$, $f_2(x)$, $\cdots$, $f_p(x)$ não são linearmente independentes entre si, o sistema de equações 12.7 não tem solução única.

3. Mostrar que, no caso em que os parâmetros $a_1, a_2, \cdots, a_p$ são independentes entre si, as variâncias correspondentes são

$$\sigma_{a_j}^2 = \frac{1}{M_{jj}},$$

onde M_{jj} é elemento de $\mathcal{M}$ dada por 12.10.

4. A partir da expressão 12.18, demonstrar que as covariâncias correspondentes aos parâmetros ajustados são dadas por 12.19.

Capítulo 13

Regressão linear e polinomial

Resumo

Neste capítulo, são deduzidas as expressões para ajustar retas ou polinômios a um conjunto de pontos experimentais.

13.1 Ajuste de reta

O procedimento de ajustar uma função a um conjunto de dados experimentais é conhecido como regressão. O ajuste de reta a um conjunto de pontos experimentais é geralmente chamado de regressão linear, enquanto que o ajuste de polinômio é chamado regressão polinomial ou regressão linear múltipla.

Nesta seção, as expressões para regressão linear são deduzidas, sendo considerados o caso geral de ajuste de uma reta a pontos experimentais com incertezas arbitrárias (Subseção 13.1.1) e os casos particulares de ajuste de reta com incertezas iguais (Subseção 13.1.2), ajuste de reta passando pela origem (Subseção 13.1.3) e ajuste de reta passando pela origem com incertezas iguais (Subseção 13.1.4).

172 CAPÍTULO 13 REGRESSÃO LINEAR E POLINOMIAL

13.1.1 Caso geral

Se a variável y é medida em função de uma variável x, o conjunto de dados pode ser representado por

$$(x_1, \sigma_{x_1} ; y_1 . \sigma_{y_1}), (x_2, \sigma_{x_2} ; y_2, \sigma_{y_2}), \cdots,$$

$$(x_i, \sigma_{x_i} ; y_i, \sigma_{y_i}), \cdots, (x_n, \sigma_{x_n} ; y_n, \sigma_{y_n}),$$

onde x_i e y_i são os resultados das medições e σ_{x_i} e σ_{y_i} são as respectivas incertezas expressas na forma de desvio padrão.

Além de complicado, é desnecessário considerar incertezas nas variáveis x e y. A incerteza σ_x na variável independente x pode ser *transferida* para a variável dependente y. Isto é, a variável x é suposta *isenta* de erro, enquanto que a variável y passa a ter incerteza dada por[1]

$$\sigma_i^2 = \sigma_{y_i}^2 + \sigma_i^{*2} \qquad\qquad 13.1)$$

onde

$$\sigma_i^* = \sqrt{ (\frac{dy}{dx})_i^2 \, \sigma_{x_i}^2 } .$$

A derivada $(dy/dx)_i$ deve ser calculada no ponto x_i e deve variar pouco para variações em x da ordem de σ_{x_i}. Para se ajustar uma função, esta derivada deve ser obtida aproximadamente em *cálculo preliminar*.

Assim, o conjunto de n pontos experimentais pode ser escrito como

$$(x_1; y_1, \sigma_1), (x_2; y_2, \sigma_2), \cdots, (x_i; y_i, \sigma_i), \cdots, (x_n; y_n, \sigma_n), \qquad (13.2)$$

onde σ_i é a incerteza em y_i e as medidas x_i são supostas isentas de erro. Neste caso, os pontos experimentais no gráfico $y \times x$ só têm barras de incerteza verticais, como mostrado na Figura 13.1.

---

[1] Como mostrado na Seção 8.6 do Capítulo 8.

13.1. AJUSTE DE RETA

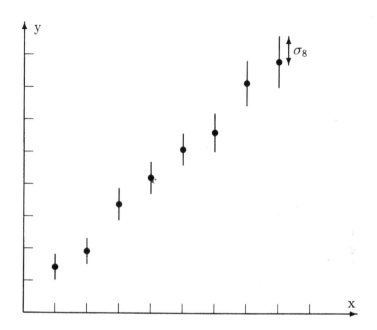

Figura 13.1. *Conjunto de pontos experimentais. A variável x é considerada isenta de erro e as barras de incerteza são verticais.*

O problema considerado é o de determinar a *melhor reta* para descrever um conjunto de pontos experimentais, ou simplesmente, *ajustar uma reta* aos pontos experimentais. A equação geral da reta é

$$y = ax + b. \tag{13.3}$$

Assim, o problema consiste em determinar os parâmetros a e b. A reta é um exemplo simples de *função linear em relação aos parâmetros*:

$$f(x; a_1, a_2) = a_1 f_1(x) + a_2 f_2(x), \tag{13.4}$$

onde

$$f_1(x) = x, \qquad f_2(x) = 1, \tag{13.5}$$

$$a_1 = a \quad \text{e} \quad a_2 = b.$$

174   CAPÍTULO 13.   REGRESSÃO LINEAR E POLINOMIAL

Assim, conforme o método dos mínimos quadrados, os melhores valores para a e b são dados pela solução geral 12.11 para ajuste de função linear nos parâmetros :

$$\mathcal{A} = \mathcal{M}^{-1}\mathcal{B} \tag{13.6}$$

onde

$$\mathcal{A} = \begin{bmatrix} a_1 \\ a_2 \end{bmatrix} \equiv \begin{bmatrix} a \\ b \end{bmatrix}, \qquad \mathcal{B} = \begin{bmatrix} \sum_{i=1}^{n} \frac{1}{\sigma_i^2} y_i f_1 \\ \sum_{i=1}^{n} \frac{1}{\sigma_i^2} y_i f_2 \end{bmatrix} \equiv \begin{bmatrix} \sum_{i=1}^{n} \frac{1}{\sigma_i^2} y_i x_i \\ \sum_{i=1}^{n} \frac{1}{\sigma_i^2} y_i \end{bmatrix}$$

e

$$\mathcal{M} = \begin{bmatrix} \sum_{i=1}^{n} \frac{1}{\sigma_i^2} x_i^2 & \sum_{i=1}^{n} \frac{1}{\sigma_i^2} x_i \\ \sum_{i=1}^{n} \frac{1}{\sigma_i^2} x_i & \sum_{i=1}^{n} \frac{1}{\sigma_i^2} \end{bmatrix} \tag{13.7}$$

A matriz $\mathcal{M}$ pode ser escrita com notação mais simples :

$$\mathcal{M} = \begin{bmatrix} S_{x^2} & S_x \\ S_x & S_\sigma \end{bmatrix}, \tag{13.8}$$

onde

$$S_\sigma = \sum_{i=1}^{n} \frac{1}{\sigma_i^2}, \qquad S_x = \sum_{i=1}^{n} \frac{x_i}{\sigma_i^2}, \qquad S_{x^2} = \sum_{i=1}^{n} \frac{x_i^2}{\sigma_i^2},$$

$$S_y = \sum_{i=1}^{n} \frac{y_i}{\sigma_i^2} \qquad e \qquad S_{xy} = \sum_{i=1}^{n} \frac{x_i y_i}{\sigma_i^2}. \tag{13.9}$$

A matriz $\mathcal{M}^{-1}$ é dada por[2]

$$\mathcal{M}^{-1} = \frac{1}{\Delta} \begin{bmatrix} S_\sigma & -S_x \\ -S_x & S_{x^2} \end{bmatrix}, \tag{13.10}$$

onde

$$\Delta = (S_\sigma S_{x^2} - S_x^2). \tag{13.11}$$

Assim, os melhores valores para a e b dados por 13.5 são

$$a = \frac{1}{\Delta} (S_\sigma S_{xy} - S_x S_y) \qquad e \tag{13.12}$$

$$b = \frac{1}{\Delta} (S_{x^2} S_y - S_x S_{xy}). \tag{13.13}$$

---

[2]Ver Seção 12.2 do Capítulo 12.

13.1. AJUSTE DE RETA

As variâncias σ_a^2 e σ_b^2 são dadas[3] pelos elementos diagonais de $\mathcal{M}^{-1}$:

$$\sigma_a^2 = (\mathcal{M}^{-1})_{11} = \frac{S_\sigma}{\Delta} \quad \text{e} \quad \sigma_b^2 = (\mathcal{M}^{-1})_{22} = \frac{S_{x^2}}{\Delta}. \tag{13.14}$$

A covariância é dada pelo elemento não diagonal:

$$\sigma_{ab}^2 \equiv cov(a,b) = (\mathcal{M}^{-1})_{12} = (\mathcal{M}^{-1})_{21} = -\frac{S_x}{\Delta}. \tag{13.15}$$

13.1.2 Ajuste de reta para incertezas iguais

No caso em que as incertezas σ_i são iguais, os resultados anteriores podem ser bastante simplificados:

$$\sigma_1 = \sigma_2 = \cdots = \sigma_i \cdots = \sigma_n \equiv \sigma \tag{13.16}$$

e

$$s_\sigma = \sigma^2 S_\sigma = \sum_{i=1}^{n} 1 = n, \quad s_x = \sigma^2 S_x = \sum_{i=1}^{n} x_i, \quad s_{x^2} = \sigma^2 S_{x^2} = \sum_{i=1}^{n} x_i^2,$$

$$s_y = \sigma^2 S_y = \sum_{i=1}^{n} y_i \quad \text{e} \quad s_{xy} = \sigma^2 S_{xy} = \sum_{i=1}^{n} x_i y_i \tag{13.17}$$

Substituindo as somas S em 13.12, 13.13, 13.14 e 13.15, obtém-se

$$a = \frac{1}{\Delta} \left(s_\sigma s_{xy} - s_x s_y \right) \quad \text{e} \tag{13.18}$$

$$b = \frac{1}{\Delta} \left(s_{x^2} s_y - s_x s_{xy} \right), \tag{13.19}$$

$$\sigma_a^2 = \frac{s_\sigma}{\Delta} \sigma^2 \quad \text{e} \quad \sigma_b^2 = \frac{s_{x^2}}{\Delta} \sigma^2, \tag{13.20}$$

onde

$$\Delta = \left(s_\sigma s_{x^2} - s_x^2 \right). \tag{13.21}$$

As equações mostram que os melhores valores para a e b são independentes da incerteza σ. Isto significa que o ajuste por mínimos quadrados pode ser feito se as incertezas σ_i são *desconhecidas, mas*

---

[3]Ver Seção 12.2 do Capítulo 12.

176 CAPÍTULO 13. REGRESSÃO LINEAR E POLINOMIAL

podem ser consideradas como aproximadamente iguais ($\sigma_i \cong \sigma$). Neste caso, a expressão[4] 12.31 permite obter uma *estimativa* de σ, como mostrado a seguir. Para uma reta qualquer $f(x_i) = ax_i + b$, o número de parâmetros ajustados é $p = 2$, e conforme a expressão 12.31

$$\sigma^2 \cong \frac{1}{n-p} \sum_{i=1}^{n} [y_i - f(x_i)]^2 = \frac{1}{n-2} \sum_{i=1}^{n} [y_i - (ax_i + b)]^2. \quad (13.22)$$

onde a e b são obtidos por 13.18 e 13.19.

13.1.3 Ajuste de reta $y = a\,x$

Uma reta que passa pela origem é escrita como

$$y = ax. \quad (13.23)$$

Neste caso, as matrizes $\mathcal{M}$ e $\mathcal{B}$ dadas por 12.9 e 12.10 se reduzem a

$$\mathcal{M} = [S_{x^2}] \quad \text{e} \quad \mathcal{B} = [S_{xy}]. \quad (13.24)$$

A inversa de $\mathcal{M}$ é $(S_{x^2})^{-1}$ e a solução $\mathcal{A} = \mathcal{M}^{-1}\mathcal{B}$ se reduz a

$$a = \frac{S_{xy}}{S_{x^2}} = \frac{\sum_{i=1}^{n} \frac{1}{\sigma_i^2} x_i\, y_i}{\sum_{i=1}^{n} \frac{1}{\sigma_i^2} x_i^2}. \quad (13.25)$$

A variância σ_a^2 é o elemento de $\mathcal{M}^{-1}$

$$\sigma_a^2 = \frac{1}{S_{x^2}} = \frac{1}{\sum_{i=1}^{n} \frac{x_i^2}{\sigma_i^2}}. \quad (13.26)$$

O coeficiente angular a também pode ser obtido a partir dos coeficientes angulares $a_i = y_i/x_i$, calculados em cada caso:

$$a_i = \frac{y_i}{x_i} \quad \text{e} \quad \sigma_{a_i}^2 = \frac{1}{x_i^2} \sigma_i^2.$$

---

[4]Ver Seção 12.7 do Capítulo 12.

13.1. AJUSTE DE RETA 177

Substituindo em 13.25 e 13.26, obtém-se

$$a = \frac{\sum_{i=1}^{n} \frac{1}{\sigma_{a_i}^2} a_i}{\sum_{i=1}^{n} \frac{1}{\sigma_{a_i}^2}} \qquad e \qquad \sigma_a^2 = \frac{1}{\sum_{i=1}^{n} \frac{1}{\sigma_{a_i}^2}}. \qquad (13.27)$$

Em resumo, os resultados 13.25 e 13.26 equivalem a calcular o coeficiente angular a_i para cada x_i e fazer a média ponderada com pesos estatísticos $p_i = 1/\sigma_{a_i}^2$, conforme resultados da Seção 11.2.

13.1.4 Ajuste de reta y = a x, com incertezas iguais

No caso de incertezas iguais (nos resultados y_i), as expressões 13.25 e 13.26 podem ser simplificadas, resultando

$$a = \frac{s_{xy}}{s_{x^2}} = \frac{\sum_{i=1}^{n} x_i y_i}{\sum_{i=1}^{n} x_i^2} \qquad e \qquad \sigma_a^2 = \frac{\sigma^2}{s_{x^2}} = \frac{\sigma^2}{\sum_{i=1}^{n} x_i^2}. \qquad (13.28)$$

Exemplo 1. *Medição de resistência elétrica.*

A diferença de potencial V nos terminais de um resistor foi medida em função da corrente elétrica I. Os resultados obtidos são mostrados na Tabela 13.1 e na Figura 13.2, onde σ_V são incertezas estatísticas.

Tabela 13.1 *Medições de tensão e corrente elétrica num resistor.*

I (A)	0,05	0,10	0,15	0,20	0,25	0,30	0,35	0,40
V (V)	7,1	9,6	16,9	21,0	25,4	28,1	35,7	39,0
σ_V (V)	2,6	1,8	1,5	1,5	1,2	1,2	1,2	1,2

Para um resistor ôhmico de resistência R, a relação esperada entre tensão e corrente é dada pela Lei de Ohm :

$$V = R I.$$

178 CAPÍTULO 13. REGRESSÃO LINEAR E POLINOMIAL

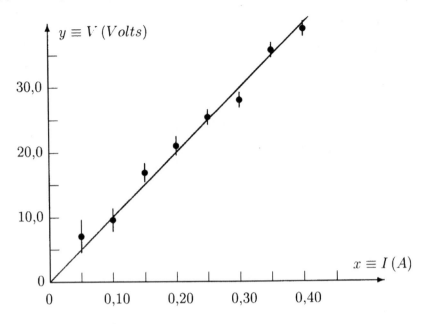

Figura 13.2. *Medições da tensão V em função da corrente elétrica I num resistor e a reta $y = ax$ ajustada aos pontos experimentais.*

O melhor valor para R é dada por 12.25, onde $x \equiv I$ e $y \equiv V$:

$$R \equiv a = \frac{\sum_{i=1}^{n} \frac{x_i y_i}{\sigma_i^2}}{\sum_{i=1}^{n} \frac{x_i}{\sigma_i^2}} = 99,35\,\Omega.$$

A incerteza estatística σ_R é obtida de 13.26:

$$\sigma_R = \sqrt{\frac{1}{\sum_{i=1}^{n} \frac{x_i^2}{\sigma_i^2}}} = 1,7\,\Omega.$$

Assim, o resultado final pode ser escrito como

$$R = (99,4 \pm 1,7)\,\Omega.$$

Entretanto, deve ser observado que foi admitido que $V = 0$ para $I = 0$, de forma que a reta passa pela origem. Para um resistor isto sempre é correto. Na prática, pode existir erro sistemático de "zero" no voltímetro ou no amperímetro. Neste caso, é melhor ajustar reta $y = ax + b$, onde $a = R$ e b é o erro de zero do voltímetro.

13.2 Ajuste de polinômio

Um polinômio de grau m é uma função linear nos parâmetros:

$$f(x) = a_1 + a_2 x + a_3 x^2 + \cdots a_{m+1} x^m. \tag{13.29}$$

O polinômio tem a forma geral 12.1, onde $f_m(x) = x^{m+1}$. Para um polinômio de grau m, o número de parâmetros é $p = (m+1)$. Conforme o métodos dos mínimos quadrados, os parâmetros são dados por 12.11, solução geral para ajuste de função linear nos parâmetros:

$$\mathcal{A} = \mathcal{M}^{-1} \mathcal{B}, \tag{13.30}$$

onde

$$\mathcal{A} = \begin{bmatrix} a_1 \\ a_2 \\ a_3 \\ \cdots \\ a_p \end{bmatrix}, \qquad \mathcal{B} = \begin{bmatrix} \sum_{i=1}^{n} \frac{1}{\sigma_i^2} y_i \\ \sum_{i=1}^{n} \frac{1}{\sigma_i^2} y_i x_i \\ \sum_{i=1}^{n} \frac{1}{\sigma_i^2} y_i x_i^2 \\ \cdots \\ \sum_{i=1}^{n} \frac{1}{\sigma_i^2} y_i x_i^m \end{bmatrix} = \begin{bmatrix} S_y \\ S_{xy} \\ S_{x^2 y} \\ \cdots \\ S_{x^m y} \end{bmatrix}$$

e

$$\mathcal{M} = \begin{bmatrix} \sum_{i=1}^{n} \frac{1}{\sigma_i^2} & \sum_{i=1}^{n} \frac{1}{\sigma_i^2} x_i & \cdots & \sum_{i=1}^{n} \frac{1}{\sigma_i^2} x_i^m \\ \sum_{i=1}^{n} \frac{1}{\sigma_i^2} x_i & \sum_{i=1}^{n} \frac{1}{\sigma_i^2} x_i^2 & \cdots & \sum_{i=1}^{n} \frac{1}{\sigma_i^2} x_i^{(m+1)} \\ \sum_{i=1}^{n} \frac{1}{\sigma_i^2} x_i^2 & \sum_{i=1}^{n} \frac{1}{\sigma_i^2} x_i^3 & \cdots & \sum_{i=1}^{n} \frac{1}{\sigma_i^2} x_i^{(m+2)} \\ \cdots & \cdots & \cdots & \cdots \\ \sum_{i=1}^{n} \frac{1}{\sigma_i^2} x_i^m & \sum_{i=1}^{n} \frac{1}{\sigma_i^2} x_i^{m+1} & \cdots & \sum_{i=1}^{n} \frac{1}{\sigma_i^2} x_i^{(2m)} \end{bmatrix}. \tag{13.31}$$

A matriz $\mathcal{M}$ pode ser escrita com notação mais simples:

$$\mathcal{M} = \begin{bmatrix} S_\sigma & S_x & S_{x^2} & \cdots & S_{x^m} \\ S_x & S_{x^2} & S_{x^3} & \cdots & S_{x^{m+1}} \\ S_{x^2} & S_{x^3} & S_{x^4} & \cdots & S_{x^{m+2}} \\ \cdots & \cdots & \cdots & \cdots & \cdots \\ S_{x^m} & S_{x^{m+1}} & S_{x^{m+2}} & \cdots & S_{x^{m+m}} \end{bmatrix}, \tag{13.32}$$

onde

$$S_\sigma = \sum_{i=1}^{n} \frac{1}{\sigma^2} \qquad e \qquad S_{x^k} = \sum_{i=1}^{n} \frac{1}{\sigma^2} x^k. \tag{13.33}$$

180 CAPÍTULO 13. REGRESSÃO LINEAR E POLINOMIAL

Assim, a solução explícita para os p parâmetros a_1, a_2, $\cdots$, a_p, pode ser facilmente obtida a partir do produto de matrizes 13.30, depois de obter a inversa da matriz $\mathcal{M}$. Entretanto, a inversão de matriz de ordem maior que 3 é bastante difícil de ser realizada sem auxílio de computador.

Conforme 12.17, as incertezas nos p parâmetros a_1, a_2, $\cdots$, a_p, são obtidas a partir dos elementos diagonais de $\mathcal{M}^{-1}$:

$$\sigma_{a_j}^2 = [\mathcal{M}^{-1}]_{jj} . \tag{13.34}$$

13.3 Covariância dos parâmetros

As covariâncias dos parâmetros ajustados a_1, a_2, $\cdots$, a_p, são dadas pelos elementos não diagonais[5] de $\mathcal{M}^{-1}$:

$$cov(a_j, a_k) \equiv \sigma_{a_j a_k}^2 \equiv \sigma_{jk}^2 = (\mathcal{M}^{-1})_{jk} . \tag{13.35}$$

Se uma grandeza qualquer w é calculada a partir dos parâmetros ajustados a_1, a_2, $\cdots$, a_m, a incerteza em w é obtida por[6]

$$\sigma_w^2 = (\frac{\partial w}{\partial a_1})^2 \sigma_{a_1}^2 + (\frac{\partial w}{\partial a_2})^2 \sigma_{a_2}^2 + (\frac{\partial w}{\partial a_3})^2 \sigma_{a_3}^2 + \cdots \tag{13.36}$$

$$+ 2(\frac{\partial w}{\partial a_1})(\frac{\partial w}{\partial a_2}) \sigma_{12}^2 + 2(\frac{\partial w}{\partial a_1})(\frac{\partial w}{\partial a_3}) \sigma_{13}^2 + 2(\frac{\partial w}{\partial a_2})(\frac{\partial w}{\partial a_3}) \sigma_{23}^2 + \cdots .$$

Assim, se uma grandeza qualquer é *calculada* a partir de coeficientes a_1, a_2, $\cdots$ e a_p, a expressão 13.36 mostra que a incerteza na grandeza depende das covariâncias dos coeficientes. Portanto, no caso de ajuste de função, *devem ser dados os coeficientes obtidos, as respectivas variâncias e também as covariâncias*. Isto é, os resultados de um ajuste de função são incompletos se as covariâncias não são indicadas. Com frequência, os resultados de ajustes são apresentados de maneira incompleta, indicando somente os coeficientes e as respectivas incertezas, omitindo a indicação das covariâncias.

---

[5]Ver Seção 12.4 do Capítulo 12.
[6]Ver Equação 8.22 da Seção 8.4.

13.3. COVARIÂNCIA DOS PARÂMETROS

Exemplo 2. *Covariância dos parâmetros de uma reta.*

Uma reta do tipo $y = ax + b$ é ajustada ao conjunto de pontos experimentais da Figura 13.3, obtendo-se os seguintes resultados:

$$a = \frac{1}{\Delta}(S_\sigma S_{xy} - S_x S_y) = 10,58\,, \qquad b = \frac{1}{\Delta}(S_{x^2} S_y - S_x S_{xy}) = 16,6\,,$$

$$\sigma_a = \sqrt{\frac{S_\sigma}{\Delta}} = 0,85\,, \qquad \sigma_b = \sqrt{\frac{S_{x^2}}{\Delta}} = 3,1 \qquad e$$

$$\sigma_{ab}^2 \equiv cov(a,b) = -\frac{S_x}{\Delta} = -2,2\,.$$

Os resultados do ajuste e reta seriam incompletos sem apresentar também a covariância dos parâmetros a e b. Por exemplo, pode ser de interesse calcular o ponto x_0 onde a reta corta o eixo-x :

$$x_0 = -\frac{b}{a} = -1,56\,.$$

A incerteza em x_0 é dada por 13.36:

$$\sigma_{x_0}^2 = \left(-\frac{b}{a^2}\right)^2 \sigma_a^2 + \left(\frac{1}{a}\right)^2 \sigma_b^2 + 2\left(-\frac{b}{a^2}\right)\left(\frac{1}{a}\right)\sigma_{ab}^2\,.$$

Esta expressão pode ser escrita de maneira mais simples:

$$\left(\frac{\sigma_{x_0}}{x_0}\right)^2 = \left(\frac{\sigma_a}{a}\right)^2 + \left(\frac{\sigma_b}{b}\right)^2 - 2\frac{\sigma_{ab}^2}{ab} = 0,066$$

e assim,

$$\sigma_{x_0} = 0,40\,.$$

Como pode ser visto, é importante conhecer a covariância quando os parâmetros da reta são utilizados para calcular uma outra grandeza. Se a covariância dos parâmetros a e b não fosse considerada, resultaria uma incerteza incorreta em x_o ($\cong 0,32$).

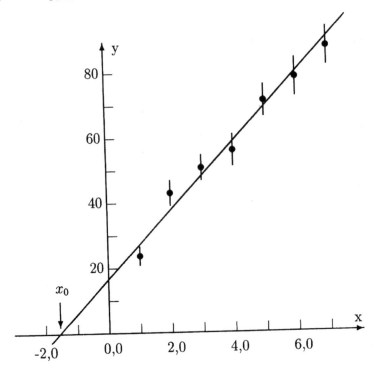

Figura 13.3. *Conjunto de pontos experimentais e reta ajustada.*

Exemplo 3. *Movimento em plano inclinado desprezando atrito.*

A Tabela 13.2 mostra os resultados experimentais correspondentes ao movimento de queda de um corpo de massa m no chamado *trilho de ar*. Num trilho de ar, o corpo pode-se mover com atrito de escorregamento desprezível, devido a uma camada de ar comprimido entre o trilho e a base do corpo. O trilho é inclinado em relação à horizontal é

$$\theta = (10,00^o \pm 0,10^o).$$

O registro do tempo é feito por meio de faíscas em papel encerado, sendo que o faiscador funciona na frequência da rede elétrica ($60\,Hz$). Assim, as faíscas ocorrem a cada $(1/60)\,s$. A velocidade é calculada a cada intervalo de tempo igual $(3/60)\,s$, isto é, a cada 3 faíscas.

Os pontos experimentais são mostrados no gráfico da Figura 13.4.

13.3. COVARIÂNCIA DOS PARÂMETROS

Tabela 13.2. *Conjunto de pontos experimentais.*

i	1	2	3	4	5	6	7	8	9	10	11
$t_i\,(s)$	0	$\frac{3}{60}$	$\frac{6}{60}$	$\frac{9}{60}$	$\frac{12}{60}$	$\frac{15}{60}$	$\frac{18}{60}$	$\frac{21}{60}$	$\frac{24}{60}$	$\frac{27}{60}$	$\frac{30}{60}$
$t_i\,(s)$	0,00	0,05	0,10	0,15	0,20	0,25	0,30	0,35	0,40	0,45	0,50
v_i (cm/s)	16,1	26,6	31,0	42,6	47,5	52,0	64,3	71,8	73,9	83,2	88,5
σ_i (cm/s)	2,0	2,1	2,1	2,2	2,2	2,3	2,3	2,4	2,4	2,5	2,5

Quando a resistência do ar e o atrito de escorregamento são desprezados, a aceleração do movimento é dada por

$$a = g\,sen\,\theta$$

onde g é a aceleração da gravidade. O movimento é descrito por

$$v = (g\,sen\,\theta)\,t + v_0\,,$$

onde v_0 é a velocidade inicial. A equação pode ser reescrita como

$$y = a\,x + b\,, \qquad \text{onde} \qquad \begin{cases} x \equiv t \\ y \equiv v \\ a \equiv g\,sen\,\theta \\ b \equiv v_0\,. \end{cases}$$

As soluções são dadas pelas Equações 13.12, 13.13, 13.14 e 13.15:

$$\mathcal{M}^{-1} = \frac{1}{\Delta}\begin{bmatrix} S_\sigma & -S_x \\ -S_x & S_{x^2} \end{bmatrix} = \begin{bmatrix} 18,32976 & -4,140814 \\ -4,140814 & 1,393046 \end{bmatrix}\,,$$

$$\Delta = (\,S_\sigma\,S_{x^2} - S_x^2\,) = 0,11922001\,,$$

CAPÍTULO 13. REGRESSÃO LINEAR E POLINOMIAL

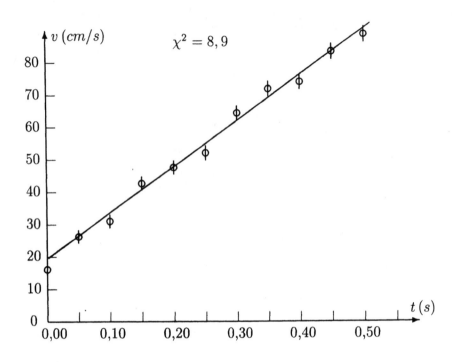

Figura 13.4. *Gráfico da velocidade em função do tempo e a reta ajustada aos pontos experimentais.*

$$S_y = 111,0722, \qquad S_{xy} = 32,98767,$$

$$a \equiv g\,sen\,\theta = \frac{1}{\Delta}(S_\sigma\,S_{xy} - S_x\,S_y) = 144,73\,cm/s^2,$$

$$b \equiv v_0 = \frac{1}{\Delta}(S_{x^2}\,S_y - S_x\,S_{xy}) = 18,13\,cm/s,$$

$$\sigma_a^2 = \frac{S_\sigma}{\Delta} = 18,33\,(cm/s^2)^2, \qquad \sigma_b^2 = \frac{S_{x^2}}{\Delta} = 1,393\,(cm/s)^2$$

$$e \quad cov(a,b) \equiv \sigma_{ab}^2 = \frac{S_x}{\Delta} = -4,141\,cm^2/s^3.$$

13.3. COVARIÂNCIA DOS PARÂMETROS

Assim, os resultados podem ser escritos como

$$a \equiv g\,sen\,\theta = (144,7 \pm 4,3)\,cm/s^2 \quad e \quad b \equiv v_0 = (18,3 \pm 1,2)\,m/s\,,$$

sendo $cov(a,b) \equiv \sigma_{ab}^2 = = -4,1\,cm^2/s^3$.

A aceleração da gravidade g é dada por

$$g = \frac{a}{sen\,\theta} = (835 \pm 26)\,cm/s^2\,.$$

A incerteza σ_g foi calculada por propagação de incertezas[7]:

$$\sigma_g^2 = (\frac{\partial g}{\partial a})^2\,\sigma_a^2 + (\frac{\partial g}{\partial \theta})^2\,\sigma_\theta^2 = (\frac{1}{sen\,\theta})^2\,\sigma_a^2 + (a\frac{cos\,\theta}{sen^2\theta})^2\,\sigma_\theta^2\,,$$

para σ_θ dado em *radianos*.

Deve ser observado que a incerteza no resultado ($\sigma_g = 0,26\,m/s^2$) não inclui a incerteza sistemática teórica, devido ao fato de ter sido desprezada a força de atrito viscoso. Isto é, a utilização de um modelo inadequado pode resultar em grande erro sistemático teórico[8] e o resultado pode ser muito ruim, como neste exemplo.

A seguir é ajustada uma função correspondente a um modelo que inclui o efeito de resistência do ar.

Exemplo 4. *Movimento em plano inclinado com atrito viscoso.*

No exemplo anterior, pode-se admitir como aproximação para velocidades baixas, que existe uma força de atrito viscosa oposta à velocidade e proporcional[9] a $F_v = -bv^\alpha$. O parâmetro α assume valores entre 1 e 2, aproximadamente, dependendo das velocidades envolvidas.

Para considerar o efeito de atrito viscoso em primeira aproximação, a velocidade pode ser admitida com a forma:

$$v = a_1 + a_2\,t + a_2\,t^2\,,$$

---

[7]Ver Seção 8.2 do Capítulo 8.
[8]Ver Seção 6.4.4.
[9]Ver Referência 15, por exemplo.

186   CAPÍTULO 13.   REGRESSÃO LINEAR E POLINOMIAL

A solução para os coeficientes a_1, a_2 e a_3 é dada por 13.30:

$$\mathcal{A} = \begin{bmatrix} a_1 \\ a_2 \\ a_3 \end{bmatrix} = \mathcal{M}^{-1} \mathcal{B},$$

onde

$$\mathcal{B} = \begin{bmatrix} \sum_{i=1}^{n} \frac{1}{\sigma_i^2} v_i \\ \sum_{i=1}^{n} \frac{1}{\sigma_i^2} v_i t_i \\ \sum_{i=1}^{n} \frac{1}{\sigma_i^2} v_i t_i^2 \end{bmatrix} = \begin{bmatrix} 110,9971970 \\ 32,98391711 \\ 12,20110335 \end{bmatrix}$$

e

$$\mathcal{M} = \begin{bmatrix} S_\sigma & S_t & S_{t^2} \\ S_t & S_{t^2} & S_{t^3} \\ S_{t^2} & S_{t^3} & S_{t^4} \end{bmatrix} = \begin{bmatrix} 2,1852746 & 0,4936679 & 0,1660789 \\ 0,4936679 & 0,1660789 & 0,0638006 \\ 0,1660789 & 0,0638006 & 0.0263397 \end{bmatrix}.$$

As somas S_t são definidas como nas Equações 13.31. As dimensões físicas são cm e s, e são omitidas no que segue. Invertendo a matriz $\mathcal{M}$ como descrito na Seção 12.2, obtém-se

$$\mathcal{M}^{-1} = \frac{1}{\Delta} \begin{bmatrix} 0,00030396 & -0,00240715 & 0,00391408 \\ -0,00240715 & 0,02997732 & -0,05743391 \\ 0,00391408 & -0,05743391 & 0,11922005 \end{bmatrix},$$

onde $\Delta = 0,00012595$. Assim, obtém-se

$$\mathcal{A} = \begin{bmatrix} a_1 \\ a_2 \\ a_3 \end{bmatrix} = \mathcal{M}^{-1} \mathcal{B} = \begin{bmatrix} 16,65 \\ 165,34 \\ -42,29 \end{bmatrix}$$

e as variâncias correspondentes aos coeficientes a_1, a_2 e a_3 são dadas pelos elementos diagonais de $\mathcal{M}^{-1}$:

$$\sigma_{a_1}^2 = \frac{(\mathcal{M}^{-1})_{11}}{\Delta} = 2,41, \qquad \sigma_{a_2}^2 = \frac{(\mathcal{M}^{-1})_{11}}{\Delta} = 238$$

$$e \qquad \sigma_{a_3}^2 = \frac{(\mathcal{M}^{-1})_{11}}{\Delta} = 947.$$

13.3 COVARIÂNCIA DOS PARÂMETROS

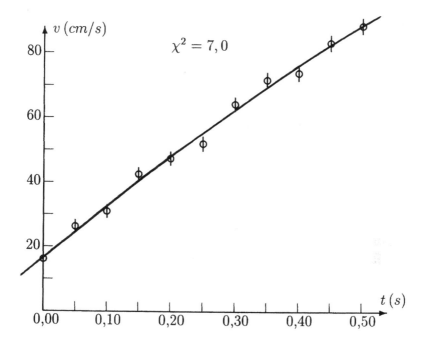

Figura 13.5. *Gráfico da velocidade em função do tempo e a parábola ajustada aos pontos experimentais.*

As covariâncias são dadas pelos elementos não diagonais:

$$\sigma^2_{a_1 a_2} = \frac{-0,00241}{\Delta} = -19,11, \qquad \sigma^2_{a_1 a_3} = \frac{0,00391}{\Delta} = 31,08$$

$$\text{e} \quad \sigma^2_{a_2 a_3} = \frac{-0,0574}{\Delta} = -456,0.$$

Em resumo, os coeficientes podem ser escritos como

$$a_1 = (16,6 \pm 1,6)\, cm/s, \quad a_2 = (165 \pm 15)\, cm/s^2$$

$$\text{e} \quad a_3 = -(42 \pm 31)\, cm/s^3.$$

A Figura 13.5 mostra os pontos experimentais e a curva correspondente à parábola ajustada.

188   CAPÍTULO 13. REGRESSÃO LINEAR E POLINOMIAL

Questões

1. Um conjunto de n pontos experimentais $(x_i; y_i, \sigma_i)$ é descrito por uma equação do tipo $y = ax$. O valor de a pode ser entendido como o melhor valor obtido a partir de $a_1, a_2, \ldots, a_n$, onde

$$a_i = \frac{y_i}{x_i}.$$

Mostrar que o melhor valor de a e respectiva incerteza, obtidos a partir dos a_i e respectivas incertezas, são dados pelas expressões 13.25 e 13.26, correspondentes a ajuste de reta passando pela origem.

2. Demonstrar os resultados 13.12, 13.13, 13.14 e 13.15 para ajuste de reta, partindo da condição de mínimo de

$$\chi^2 = \sum_{i=1}^{n} [\frac{y_i - (ax_i + b)}{\sigma_i}]^2.$$

As expressões 13.14 para as incertezas podem ser obtidas a partir da fórmula geral para propagação de incertezas:

$$\sigma_a^2 = \sum_{i=1}^{n} (\frac{\partial a}{\partial y_i})^2 \sigma_i^2 \quad e \quad \sigma_b^2 = \sum_{i=1}^{n} (\frac{\partial b}{\partial y_i})^2 \sigma_i^2.$$

A covariância, como mostrado no Apêndice E, pode ser obtida por

$$\sigma_{ab}^2 = \sum_{i=1}^{n} (\frac{\partial a}{\partial y_i})(\frac{\partial b}{\partial y_i}) \sigma_i^2.$$

3. Demonstrar os resultados 13.25 e 13.26 para ajuste de reta passando pela origem, partindo da condição de mínimo para

$$\chi^2 = \sum_{i=1}^{n} (\frac{y_i - ax_i}{\sigma_i})^2.$$

A expressão 13.26 para a incerteza em a podem ser obtida a partir da fórmula de propagação de erros:

$$\sigma_a^2 = \sum_{i=1}^{n} (\frac{\partial a}{\partial y_i})^2 \sigma_i^2.$$

4. Ajustar uma reta $y = ax + b$ aos pontos experimentais da Tabela 13.1, comparando com os resultados obtidos no Exemplo 1.

Capítulo 14

Qualidade de ajuste

Resumo
Neste Capítulo, são apresentados e discutidos dois critérios simples para avaliação da qualidade de um ajuste de função.

14.1 Verossimilhança no ajuste de função

Conforme o método de máxima verossimilhança[1], a melhor função para descrever um conjunto de pontos experimentais é a função mais verossímil. Os pontos não devem estar muito distantes da curva correspondente à função ajustada, mas também não podem estar muito próximos, pois ambas as situações não são verossímeis. Isto é, os pontos devem se distribuir em relação à curva ajustada de maneira verossímil, o que significa maneira consistente com as incertezas experimentais.

O método dos mínimos quadrados é um método mais restrito, que é deduzido do método de máxima verossimilhança[2]. No método dos mínimos quadrados, a forma geral da função que descreve os pontos experimentais é *admitida como conhecida* e o método permite determinar os parâmetros dessa função geral.

---

[1] Ver Seção 10.3.
[2] Ver Seção 11.1.

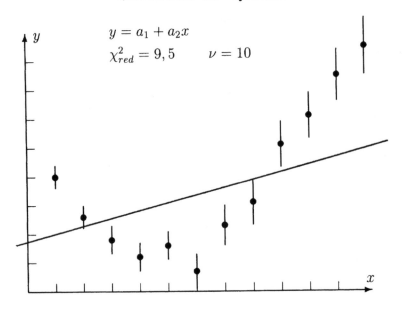

Figura 14.1. *A reta ajustada aos pontos experimentais é inverossímil, pois é inconsistente com os pontos e as respectivas incertezas.*

Admitindo-se uma função de x e p parâmetros, representada por

$$f(x;\, a_1,\, a_2,\, \cdots,\, a_p), \tag{14.1}$$

o método dos mínimos quadrados permite determinar os melhores valores dos parâmetros a_1, a_2, ... e a_p. Em princípio, a função a ser ajustada pode ser escolhida arbitrariamente e o método dos mínimos quadrados não permite avaliar se a função escolhida é consistente com os pontos experimentais. Por exemplo, aos pontos experimentais da Figura 14.1 pode-se ajustar uma reta, mas é evidente que a reta não é função adequada para descrever tais pontos.

Em resumo, o método dos mínimos quadrados permite obter os melhores valores para os parâmetros de uma função com *forma predeterminada*, mas não permite obter conclusões a respeito da verossimilhança da forma da função escolhida. Por isso, quando uma função é ajustada pelo método dos mínimos quadrados, deve-se também avaliar a verossimilhança da função com relação aos pontos experimentais.

14.1. VEROSSIMILHANÇA NO AJUSTE DE FUNÇÃO

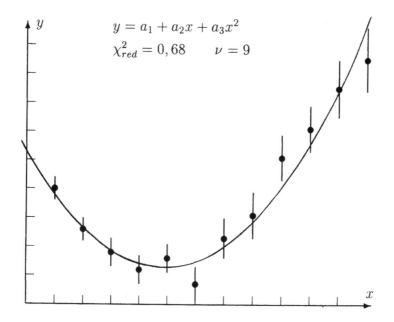

Figura 14.2. *A parábola ajustada aos pontos experimentais é bastante verossímil, o que significa que a qualidade do ajuste é boa.*

Essencialmente, um critério de avaliação da *qualidade do ajuste* é um método para se determinar o grau de verossimilhança da curva ajustada em relação aos pontos experimentais.

Assim, algum critério de avaliação de qualidade do ajuste deve sempre ser utilizado, juntamente com o método dos mínimos quadrados, mesmo quando a função a ser ajustada é bem conhecida.

Quando a forma da função a ser ajustada é desconhecida, o procedimento geral para encontrar a melhor função consiste em ajustar diferentes funções pelo método dos mínimos quadrados, determinando a função que corresponde à máxima verossimilhança. Para isto, também é necessário fazer a avaliação da qualidade do ajuste em cada caso.

Na Figura 14.2, a parábola ajustada é muito mais verossímil do que a reta ajustada na Figura 14.1. No caso da parábola, a flutuação dos pontos experimentais em relação à curva ajustada é coerente com as incertezas experimentais.

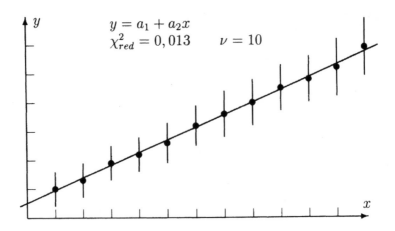

Figura 14.3. *O bom acordo entre a reta ajustada e os pontos experimentais é inverossímil, pois é inconsistente com incertezas tão grandes.*

No ajuste de reta mostrado na Figura 14.3, o acordo entre os pontos experimentais e a reta ajustada é muito bom. Entretanto, *a qualidade do ajuste* é ruim. Se as incertezas são corretas, a situação é completamente inverossímil. Ocorre que é extremamente improvável que os pontos se alinhem tão bem à reta, se as incertezas são tão grandes. Neste caso, é muito mais provável que as incertezas tenham sido superestimadas.

Os critérios mais simples de avaliação de qualidade de ajuste dependem diretamente das incertezas σ_i. Isto é, tais critérios só são válidos *quando as incertezas σ_i são estimadas corretamente*. O ajuste de reta da Figura 14.1 seria aceitável se as incertezas fossem 3 vezes maiores. O ajuste de parábola da Figura 14.2 seria ruim para incertezas 3 vezes menores. O ajuste de reta da Figura 14.3 seria bom se as incertezas fossem 10 vezes menores.

Quando existe certeza absoluta quanto à forma da função ajustada, a avaliação da qualidade de ajuste permite verificar se as incertezas são estimadas corretamente. Um exemplo é o da Figura 14.3, na qual a reta é uma função adequada, dentro da precisão das medições. Entretanto, a qualidade do ajuste é ruim, indicando incertezas incorretas.

14.2. BARRAS DE INCERTEZA

Em resumo, um ajuste de *boa qualidade* não significa exatamente *bom acordo* entre os pontos experimentais e a função ajustada. Ajuste de boa qualidade significa que o acordo entre os pontos experimentais e a função ajustada é compatível com as incertezas.

14.2 Barras de incerteza

Um critério rudimentar para avaliar qualidade de ajuste, baseado na curva ajustada e nas "barras de incertezas", é apresentado a seguir.

No caso de um *grande número n de pontos experimentais e pequeno número p de parâmetros*, se a função ajustada é correta, a curva correspondente deve ser bastante próxima da curva verdadeira. Admitindo distribuições gaussianas para os erros, o módulo da diferença entre cada resultado y_i e a função ajustada $f(x_i)$ tem *aproximadamente* 68% de probabilidade de ser menor que σ_i :

$$| \, (y_i - f(x_i)) \, | < \sigma_i \qquad (\text{com probabilidade } \approx 0,68\,). \qquad (14.2)$$

Isto significa que cada uma das barras de incerteza tem probabilidade de aproximadamente $0,68 \approx 2/3$ de cruzar a curva ajustada. Assim, *para grande número de pontos e poucos parâmetros, cerca de 2/3 das barras de incerteza devem cruzar a curva ajustada,* em média.

A condição de grande número de pontos (n) e pequeno número de parâmetros (p) significa número de graus de liberdade grande:

$$\nu \equiv (n - p) \, >> \, 1 \, .$$

Este critério de "barras de incerteza" pode ser melhorado um pouco, de forma a ser utilizado também no caso em que o número de graus de liberdade ν não é muito grande.

A falha nos argumentos anteriores se deve ao fato que a curva ajustada não é totalmente independente dos pontos experimentais, do ponto de vista estatístico. A curva verdadeira seria estatisticamente independente dos pontos, mas curva ajustada é obtida a partir dos próprios pontos, impondo-se justamente a condição de estar próxima dos mesmos. Assim, a probabilidade de cada barra de incerteza cruzar a curva ajustada tende a ser maior que 68%. Isto pode ser levado em consideração, como explicado a seguir.

194 CAPÍTULO 14. QUALIDADE DE AJUSTE

Para definir uma curva de p parâmetros, são necessários p pontos e os $\nu = (n-p)$ *pontos restantes, podem ser considerados independentes.* Cerca de $2/3$ das barras de incerteza dos ν pontos independentes devem cruzar a curva ajustada, além das p barras de incerteza correspondentes aos pontos que determinam a curva.

Assim, o número médio $\overline{N_{cz}}$ de barras de incerteza que cruzam a curva ajustada deve ser:

$$\overline{N_{cz}} \approx \frac{2}{3}\nu + p \qquad \text{ou} \qquad \overline{N_{cz}} \approx \frac{2}{3}n + \frac{1}{3}p. \qquad (14.3)$$

Evidentemente, o número N_{cz} de barras de incerteza que cruzam a curva ajustada está sujeito a grandes flutuações estatísticas. Se n é o número de pontos e q é a probabilidade de que cada barra de incerteza cruze a curva, N_{cz} deve seguir uma distribuição binomial com desvio padrão[3] $\sigma_{Ncz} = \sqrt{nq(1-q)}$. Substituindo $nq = \overline{N_{cz}}$ e $q \approx 2/3$, resulta

$$\sigma_{Ncz} \approx \sqrt{\frac{\overline{N_{cz}}}{3}}. \qquad (14.4)$$

Na Figura 14.1, uma reta é ajustada aos pontos experimentais, sendo $n = 12$ e $p = 2$. Assim, o número médio de barras de incerteza que deve cruzar a reta é $\overline{N_{cz}} \approx 8,7$ ($\sigma_{Ncz} \approx 1,7$). Assim, o ajuste é ruim, pois apenas 2 barras de incerteza cruzam a reta ajustada.

Na Figura 14.2, uma parábola ($p = 3$) é ajustada aos 12 pontos experimentais e $\overline{N_{cz}} \approx 9$ ($\sigma_{Ncz} \approx 1,7$), enquanto que o número de barras de incerteza cruzando a curva é $N_{cz} = 10$. Portanto, o ajuste é razoável de acordo com este critério.

Na Figura 14.3, o número médio de barras de incerteza cruzando a reta deveria ser $\overline{N_{cz}} \approx 8,7$ ($\sigma_{Ncz} \approx 1,7$). Entretanto, $N_{cz} = 12$ e o ajuste é ruim.

Apesar de bastante rudimentar e qualitativo, o critério acima tem a grande vantagem de ser muito simples de ser aplicado, a partir de um simples exame visual do gráfico da função ajustada e dos pontos experimentais com barras de incerteza. Um critério mais elaborado para qualidade de um ajuste é o *teste de* χ^2_{red}, descrito a seguir.

---

[3]Ver Seção 1.4 e Equações 1.26.

14.3 Teste de χ^2-reduzido

Indicando por $f(x)$ a função ajustada a um conjunto de n pontos experimentais $(x_i; y_i, \sigma_i)$, a quantidade χ^2-*estatístico* é definida como

$$\chi^2 = \sum_{i=1}^{n} \frac{[\,y_i - f(x_i)\,]^2}{\sigma_i^2} \,. \tag{14.5}$$

Num gráfico, χ^2 é a soma dos quadrados das distâncias D_i dos pontos experimentais à curva ajustada, onde *cada uma destas distâncias é medida utilizando σ_i como unidade de distância*. Isto é,

$$\chi^2 = \sum_{i=1}^{n} D_i^2 \tag{14.6}$$

onde

$$D_i = \frac{y_i - f(x_i)}{\sigma_i} \,.$$

Num gráfico, os valores de D_i podem ser estimados com uma régua, independentemente das coordenadas dos pontos ou da expressão analítica da função. No exemplo mostrado na Figura 14.4, as quantidades D_i podem ser estimadas desta maneira. Assim, χ^2 pode ser facilmente estimado pela expressão 14.6, a partir do gráfico com curva ajustada e pontos experimentais com as respectivas barras de incerteza.

A quantidade χ^2-*reduzido*, é definida como

$$\chi_{red}^2 = \frac{\chi^2}{\nu} \,, \tag{14.7}$$

onde ν é o número de graus de liberdade do ajuste. Se n é o número de pontos e p é o número de parâmetros ajustados, $\nu = (n - p)$.

Como será visto no que segue, χ_{red}^2 é uma quantidade conveniente para avaliar a qualidade de um ajuste, pois é pouco dependente do número n de pontos e do número p de parâmetros ajustados.

Evidentemente, χ^2 e χ_{red}^2 são quantidades aleatórias que dependem bastante das flutuações estatísticas dos pontos experimentais.

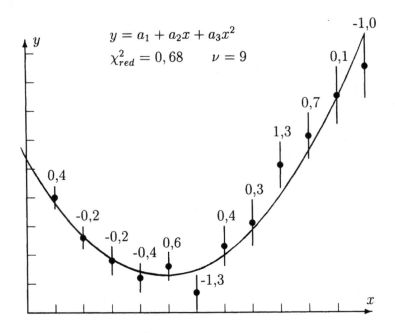

Figura 14.4. O valor indicado em cada ponto é $D_i = [y_i - f(x_i)]/\sigma_i$.

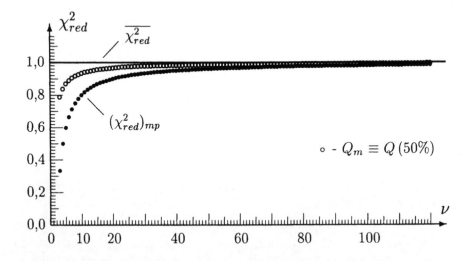

Figura 14.5. Valor médio $\overline{\chi^2_{red}}$, valor mais provável $(\chi^2_{red})_{mp}$ e o valor Q_m que tem 50% de probabilidade de ser excedido.

14.3. TESTE DE χ^2-REDUZIDO

A *função de densidade de probabilidade* para χ^2 é dada por[4]

$$h(\chi^2) = \frac{(\chi^2)^{\frac{1}{2}(\nu-2)} e^{-\frac{1}{2}\chi^2}}{2^{\nu/2}\,\Gamma(\nu/2)}, \tag{14.8}$$

onde a função $\Gamma(q)$ pode ser calculada pelas relações

$$\Gamma(q) = (q-1)\,\Gamma(q-1) = (q-1)!, \tag{14.9}$$

sendo

$$\Gamma(1) = 1 \quad \text{e} \quad \Gamma(\tfrac{1}{2}) = \sqrt{\pi}.$$

Conforme pode ser mostrado[5] da definição 2.13 e da Equação 14.8, os valores médios de χ^2 e de χ^2_{red} são respectivamente

$$\overline{\chi^2} = \nu \quad \text{e} \quad \overline{\chi^2_{red}} = 1. \tag{14.10}$$

O valor mais provável para χ^2 pode ser obtido de 14.8, a partir da condição de máximo para $h(\chi^2)$. Para $\nu = 1$ não existe máximo, pois a função diverge na origem e é decrescente. Para $\nu \geq 2$ o valor mais provável de χ^2 é dado por[6]

$$(\chi^2)_{mp} = \nu - 2$$

e o valor mais provável para $\chi^2_{red} = \chi^2/\nu$ é dado por

$$(\chi^2_{red})_{mp} = 1 - \frac{2}{\nu}. \tag{14.11}$$

A Figura 14.5 mostra o comportamento de $(\chi^2_{red})_{mp}$ em função do número de graus de liberdade ν.

Conhecer o valor médio $\overline{\chi^2_{red}}$ não ajuda muito na avaliação da qualidade de um ajuste, pois χ^2_{red} pode apresentar grandes flutuações estatísticas em relação ao valor médio. Para avaliação da qualidade de um ajuste com ν graus de liberdade, é melhor estabelecer um intervalo de confiança P para valores de χ^2_{red}. Isto pode ser feito como segue.

---

[4]Este assunto é apresentado com mais detalhes nas Referências 9, 10 e 14.
[5]Ver Questão 1.
[6]Ver Questão 2.

198   *CAPÍTULO 14. QUALIDADE DE AJUSTE*

A probabilidade de resultar um valor de χ^2 num determinado intervalo, é obtida integrando-se a função de densidade de probabilidade $h(\chi^2)$ no intervalo. Geralmente, se considera a probabilidade P_Q de que um determinado valor Q seja excedido. Isto é,

$$P_Q = \int_Q^\infty h(\chi^2) \, d\chi^2 \,, \qquad (14.12)$$

onde $Q \geq 0$. Os valores desta integral são tabelados em vários livros e manuais de estatística[7]. Deve ser observado que a probabilidade P_Q é função de ν e de Q. Assim, num gráfico $\nu \times Q$, podem ser traçadas as linhas correspondentes a $P_Q = constante$.

A Figura 14.6 mostra as linhas correspondentes a $P_Q = 1\%$ e $P_Q = 99\%$. A linha correspondente a $P_Q = 50\%$ também é mostrada neste gráfico, e o valor correspondente $Q_m \equiv Q\,(50\%)$ é mostrado na Figura 14.5. Por exemplo, se $\nu = 10$, o valor de Q correspondente a $P_Q = 50\%$ é

$$Q_m \equiv Q\,(50\%) \;=\; 0,93 \qquad (\text{ para } \nu = 10\,).$$

Se Q_1 e Q_2 são valores quaisquer ($Q_2 > Q_1 > 0$), então

$$P_{Q_2} - P_{Q_1} = \int_{Q_2}^\infty h(\chi^2) \, d\chi^2 - \int_{Q_1}^\infty h(\chi^2) \, d\chi^2 \;=\; \int_{Q_1}^{Q_2} h(\chi^2) \, d\chi^2 \,. \quad (14.13)$$

Assim, $P = P_{Q_2} - P_{Q_1}$ é a probabilidade de resultar um valor de χ^2_{red} entre Q_1 e Q_2. Por exemplo, se Q_1 e Q_2 são os valores correspondentes a $P_{Q_1} = 1\%$ e $P_{Q_2} = 99\%$ para um determinado ν, então,

$$Q_1 \;<\; \chi^2_{red} \;<\; Q_2 \qquad (14.14)$$

tem confiança de $P = 99 - 1 = 98\%$. A Figura 14.6 permite obter, para cada ν, *um intervalo de confiança* $P = 98\%$ para os valores de χ^2_{red}. Por exemplo, para $\nu = 10$, $Q_1 = 0,26$ e $Q_2 = 2,32$. Assim, pode-se afirmar com 98% de confiança que

$$0,26 \;<\; \chi^2_{red} \;<\; 2,32 \qquad (\text{ para } \nu = 10\,). \qquad (14.15)$$

---

[7]Ver Referências 9, 10 e 14, por exemplo.

14.3. TESTE DE χ^2-REDUZIDO

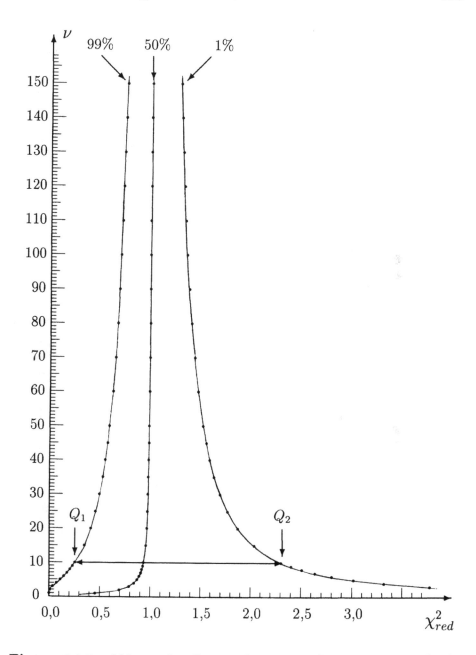

Figura 14.6. Valores de Q_1 e Q_2 que definem um intervalo de confiança de 98% para χ^2_{red}, em função de ν.

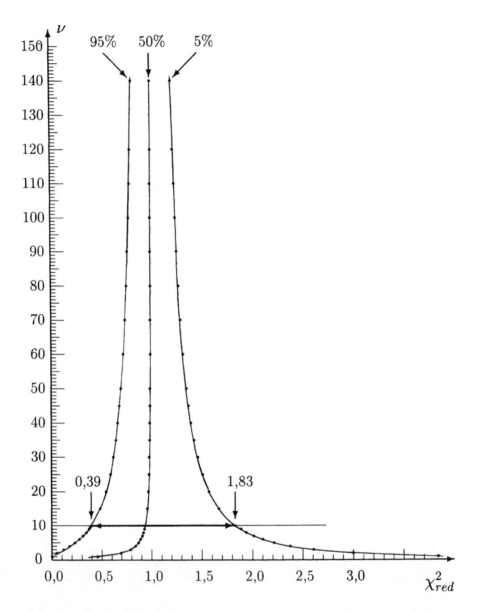

Figura 14.7. *Valores de Q_1 e Q_2, que definem um intervalo de confiança de 90% para χ^2_{red}, em função de ν. O nível de confiança (90%) não é muito alto e, por isso, valores um pouco fora do intervalo ainda são aceitáveis.*

14.4. UTILIZAÇÃO DE χ^2_{RED}

O gráfico da Figura 14.7 é similar ao da Figura 14.6, para probabilidades $P_{Q_1} = 5\%$ e $P_{Q_2} = 95\%$. As linhas correspondentes permitem determinar os extremos do intervalo de 90% de confiança para os valores de χ^2_{red}.

No ajuste de reta da Figura 14.1, $\nu = 10$ e $\chi^2_{red} = 9,5$. Este valor de χ^2_{red} está completamente fora da faixa de valores aceitáveis para χ^2_{red} dados por 14.15, significando que o ajuste é ruim. Evidentemente, existe chance extremamente reduzida ($<<< 1\%$) de que isto tenha ocorrido por causa de flutuações estatísticas excepcionais. Entretanto, é muito mais provável que a reta seja uma função inadequada para ser ajustada ou que as incertezas tenham sido subestimadas.

No ajuste de parábola da Figura 14.2, $\nu = 9$ e $\chi^2_{red} = 0,68$. Como pode ser visto das Figuras 14.6 e 14.7, este valor de χ^2_{red} está bem dentro da faixa de valores aceitáveis para χ^2_{red} e o ajuste pode ser considerado bom.

No ajuste de reta da Figura 14.3, $\nu = 10$ e $\chi^2_{red} = 0,013$. Este valor de χ^2_{red} também está completamente fora da faixa de valores aceitáveis para χ^2_{red} dados por 14.15, indicando que o ajuste é muito ruim. Entretanto, o acordo entre a reta e os pontos experimentais é muito bom. Neste caso, as incertezas σ_i certamente foram superestimadas.

Geralmente, valores muito pequenos de χ^2_{red} indicam incertezas superestimadas.

14.4 Utilização de χ^2_{red}

Um valor de χ^2_{red} muito fora do intervalo de 99% de confiança indica um ajuste muito ruim. Isto pode ocorrer se a função escolhida para ajuste é inadequada, mas também pode ocorrer devido a incertezas estimadas incorretamente. Na prática, pode ser muito difícil distinguir entre as duas causas, quando se obtém um ajuste ruim.

O teste de χ^2_{red} pode ser aplicado no ajuste de uma função, com os objetivos resumidos a seguir.

202   *CAPÍTULO 14. QUALIDADE DE AJUSTE*

- Verificar a qualidade do ajuste, o que significa verificar se a função ajustada é verossímil. Para isto, χ^2_{red} deve estar dentro de um intervalo de confiança razoável, definido pela Figura 14.6 ou 14.7. Entretanto, *é necessário que as incertezas tenham sido estimadas corretamente.*

- Escolher o tipo de função mais adequado entre diversos tipos de funções gerais ajustadas. Como regra geral deve-se escolher a função com menor número de parâmetros que resulte em ajuste de boa qualidade[8]. Entretanto, considerações físicas podem auxiliar nesta escolha[9].

- Verificar se as incertezas estão avaliadas corretamente, no caso *em que existe certeza absoluta quanto ao tipo de função ajustada.*

14.5 Incertezas desconhecidas e iguais

Às vezes, ocorre que as incertezas σ_i são desconhecidas, mas podem ser admitidas como iguais, em primeira aproximação. Isto é,

$$\sigma \equiv \sigma_1 \cong \sigma_2 \cong \cdots \cong \sigma_n . \tag{14.16}$$

Neste caso, σ pode ser estimado a partir do valor médio $\overline{\chi^2_{red}} = 1$:

$$\chi^2_{red} = \frac{1}{\nu} \sum_{i=1}^{n} \frac{[y_i - f(x_i)]^2}{\sigma_i^2} = \left(\frac{1}{\sigma^2}\right) \frac{1}{\nu} \sum_{i=1}^{n} [y_i - f(x_i)]^2 . \tag{14.17}$$

Admitindo como aproximação $\chi^2_{red} \approx \overline{\chi^2_{red}} = 1$, obtém-se para n pontos e p parâmetros ajustados ·

$$\sigma^2 \approx \frac{1}{\nu} \sum_{i=1}^{n} [y_i - f(x_i)]^2 \qquad \text{onde} \qquad \nu = n - p . \tag{14.18}$$

Evidentemente, a estimativa 14.18 só é válida se existir razoável certeza de que a função ajustada é correta, pois é deduzida partindo da hipótese que $\chi^2_{red} \approx \overline{\chi^2_{red}} = 1$.

A fórmula usual para o desvio padrão de n resultados, pode ser entendida como caso particular de 14.18 para um único parâmetro ajustado que é a média para as n medições.

---

[8]Ver Exemplo 2, a seguir.
[9]Ver Exemplo 1, a seguir.

14.5. INCERTEZAS DESCONHECIDAS E IGUAIS

Exemplo 1. *Movimento em um plano inclinado.*

O gráfico da Figura 14.8 mostra a velocidade de queda de um corpo em função do tempo, num trilho de ar inclinado. No trilho de ar, o corpo desliza sobre uma camada de ar comprimido e não existe atrito de escorregamento.

Desprezando o atrito viscoso devido à resistência do ar, a velocidade é dada teoricamente por[10]

$$v = a\,t + v_0\,,$$

onde a é a aceleração (constante) do movimento e v_0 a velocidade inicial.

A Figura 14.8 mostra a reta ajustada aos pontos experimentais. No caso, $\nu = 9$ e $\chi^2_{red} = 0,99$, de forma que o ajuste é plenamente satisfatório do ponto de vista de qualidade de ajuste.

Entretanto, se for considerado um pequeno efeito de resistência do ar, a velocidade é dada por[11]

$$v = a_1 + a_2\,t + a_3\,t^2\,.$$

A Figura 14.9 mostra um ajuste de parábola aos mesmos pontos experimentais resultando $\chi^2_{red} = 0,88$ para $\nu = 8$. Portanto, este ajuste também é plenamente satisfatório, do ponto de vista de qualidade de ajuste.

De um ponto de vista puramente matemático, pode-se dizer que o ajuste de reta é tão bom quanto o ajuste de parábola, de forma que o ajuste de reta deveria ser escolhido por envolver menor número de parâmetros. Entretanto, como existe resistência do ar, o ajuste de parábola pode ser preferível ao ajuste de reta, dependendo dos objetivos da experiência.

Em geral, os modelos físicos são de grande ajuda na escolha da função a ser ajustada aos dados experimentais.

---

[10]Ver Exemplo 3 e Figura 13.4 do Capítulo 13.
[11]Ver Exemplo 4 do Capítulo 13.

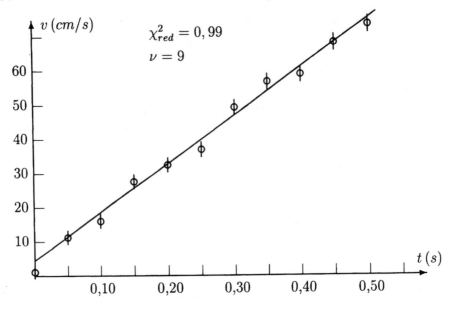

Figura 14.8. *Velocidade em função do tempo e a reta ajustada.*

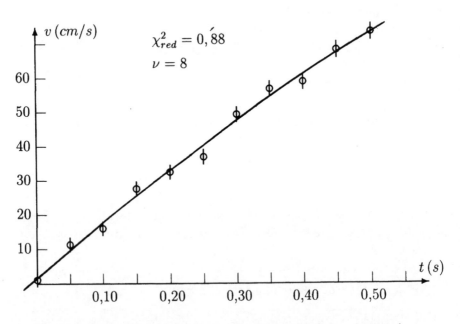

Figura 14.9. *Parábola ajustada aos pontos experimentais.*

14.5. INCERTEZAS DESCONHECIDAS E IGUAIS

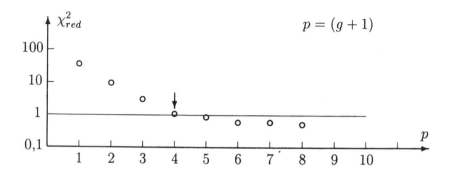

Figura 14.10. *Valores de χ^2_{red} em função do número p de parâmetros ajustados. A escala utilizada para χ^2_{red} é logarítmica.*

Exemplo 2. *Ajuste de polinômios.*

A Figuras de 14.11 a 14.18 mostram ajustes de polinômios de graus sucessivamente maiores, a um mesmo conjunto de pontos experimentais. Os valores de χ^2_{red} são mostrados na Figura 14.10, em função do número p de parâmetros ajustados. Se g é o grau do polinômio, o número de parâmetros é $p = (g+1)$.

Como pode ser observado da Figura 14.10, inicialmente χ^2_{red} diminui rapidamente com p, e a partir de $p = 4$ diminui lentamente. Neste exemplo, o ajuste de parábola ($p = 3$) é ruim ($\chi^2_{red} = 3,12$), enquanto o ajuste para polinômio de 3º grau é plenamente satisfatório. Assim, este ajuste é a melhor opção. Os ajustes de polinômios de graus maiores são também aceitáveis, entretanto, a verossimilhança é maior para o polinômio de 3º grau. Além disso, entre funções igualmente satisfatórias do ponto de vista de qualidade de ajuste, deve-se sempre escolher a função de menor número de parâmetros.

Em princípio, a escolha e a ordem das funções ajustadas são bastante arbitrárias. Assim, o comportamento mostrado na Figura 14.10, não pode ser entendido como um comportamento geral de χ^2_{red} em função do número p de parâmetros. Na prática, se funções adequadas são ordenadas em ordem crescente de complexidade, o comportamento de $\chi^2_{red} \times p$ é semelhante ao mostrado na Figura 14.10.

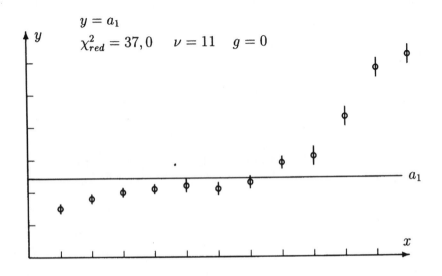

Figura 14.11. *Constante ajustada aos pontos experimentais.*

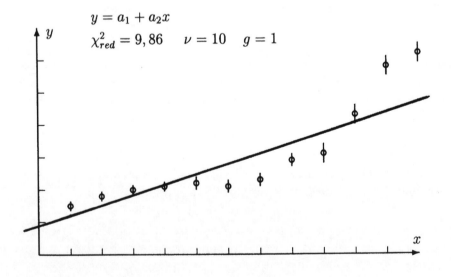

Figura 14.12. *Polinômio de 1º grau (reta).*

14.5. INCERTEZAS DESCONHECIDAS E IGUAIS

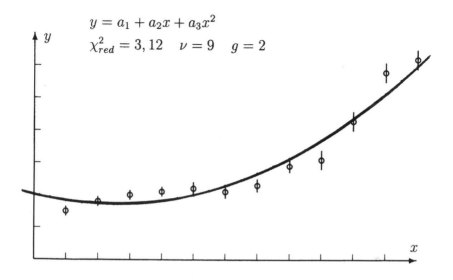

Figura 14.13. *Polinômio de 2ọ grau (parábola).*

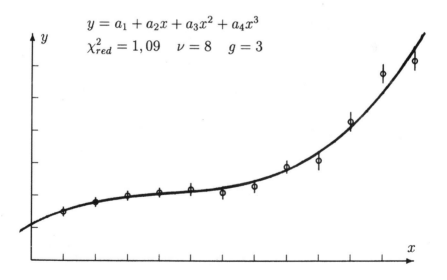

Figura 14.14. *Polinômio de 3ọ grau.*

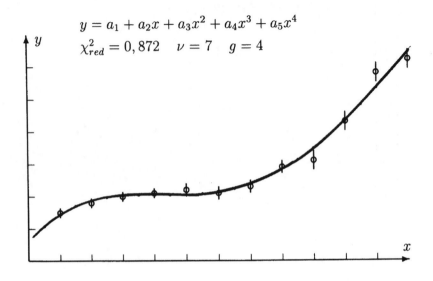

Figura 14.15. *Polinômio de 4º grau.*

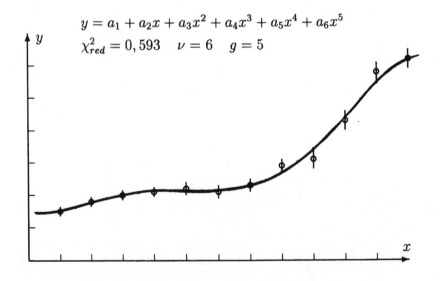

Figura 14.16. *Polinômio de 5º grau.*

14.5. INCERTEZAS DESCONHECIDAS E IGUAIS

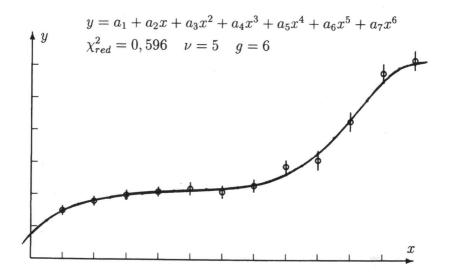

Figura 14.17. *Polinômio de 6º grau.*

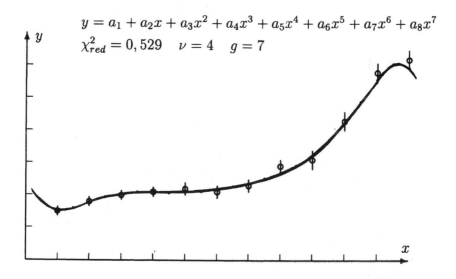

Figura 14.18. *Polinômio de 7º grau.*

Questões

1. O valor médio de χ^2 é dado por

$$\overline{\chi^2_{red}} = \int_0^\infty \chi^2 \, h(\chi^2) \, d\chi^2 \,,$$

onde $h(\chi^2)$ é dado por 14.8.

Usando a definição da função Γ :

$$\Gamma(m) = \int_0^\infty e^{-z} \, z^{m-1} \, dz \,,$$

mostrar que $\overline{\chi^2} = \nu$.

2. Mostrar que o valor mais provável de χ^2 é

$$(\chi^2)_{mp} = \nu - 2 \qquad \text{para} \quad \nu \geq 2 \,.$$

Deve ser observado que as demonstrações são basicamente diferentes para $\nu = 2$ e para $\nu > 2$.

Apêndice A

Probabilidades

Neste Apêndice, são discutidos alguns aspectos da teoria de probabilidades que são importantes fundamentos da teoria de erros.

A.1 Definição de probabilidade

Embora o conceito intuitivo de probabilidade seja bastante simples, uma definição satisfatória para probabilidade é bastante difícil. A definição *matematicamente rigorosa* de probabilidade é baseada em alguns axiomas que não têm uma interpretação muito direta[1]. Por isso, existem interpretações do conceito de probabilidade que podem ser entendidas como "definições" mais simples. Essas interpretações ou "definições" mais simples são geralmente usadas em aplicações da teoria das probabilidades e são resumidas a seguir.

---

[1]Esta definição "axiomática" de probabilidade é apresentada nas Referências 18 e 19, por exemplo. Embora esta definição dos matemáticos seja logicamente perfeita, ela é muito abstrata para aplicações tais como a teoria de erros.

212 *APÊNDICE A. PROBABILIDADES*

- **Definição clássica de probabilidade.** Esta definição é fundamentada em *eventos equiprováveis*. Se existem m eventos equiprováveis, então a probabilidade de cada evento é $p = 1/m$. Em princípio, pode ser calculada a probabilidade para um evento qualquer, entendido como uma combinação de eventos equiprováveis.

- **Definição estatística de probabilidade**, que também é chamada de *definição experimental*, ou *definição objetiva*, ou *definição operacional* ou ainda *interpretação frequencística* da probabilidade. Conforme esta definição, a probabilidade é o limite da *frequência relativa* de um evento, quando o número de observações tende a infinito.

- **Definição subjetiva de probabilidade.** Esta é uma definição de probabilidade como "indicação quantitativa" do grau de confiança de um observador a respeito da possível ocorrência de um determinado fenômeno.

A definição clássica é insatisfatória na prática, porque existem poucos fenômenos, para os quais podem ser identificados eventos simples e equiprováveis. A definição estatística de probabilidade é, em geral, a mais adequada, para fins práticos. O inconveniente desta definição é que ela se torna sem significado ou muito abstrata em alguns casos práticos, quando existem poucas observações de um fenômeno, uma única observação, ou mesmo *nenhuma observação*. Quanto à definição subjetiva, é bastante insatisfatória do ponto de vista quantitativo, justamente por ser subjetiva.

Para o formalismo da teoria de erros, a definição estatística de probabilidade[2] é satisfatória, sendo o conteúdo básico da definição clássica entendido como uma propriedade.

A interpretação subjetiva da probabilidade não aparece diretamente no formalismo da teoria de erros. Entretanto, frequentemente ocorre que estimativas de incertezas devem ser feitas recorrendo-se a avaliações subjetivas de probabilidades. Isto ocorre principalmente para incertezas sistemáticas residuais (incertezas tipo B), para as quais o observador não tem meios de avaliar *objetivamente* as incertezas.

---

[2] Conforme a Equação 1.3 do Capítulo 1, esta é a definição adotada neste texto.

A.2. LEI DOS GRANDES NÚMEROS

A.2 Lei dos grandes números

A chamada *Lei fraca dos grandes números* pode ser formulada como segue.

Se y_1, y_2, $\cdots$, y_N são N variáveis aleatórias independentes que têm distribuição de probabilidades comum com valor médio verdadeiro finito μ, então o valor médio $\bar{y}$ converge em termos probabilísticos para μ quando $N \to \infty$.

A Lei dos grandes números assegura a existência de um valor médio verdadeiro como limite do valor médio de N resultados, se $N \to \infty$.

Um exemplo simples é a média para N medições idênticas[3] de uma grandeza y. Se os resultados das medições são y_1, y_2, $\cdots$, y_N, a Lei dos grandes números assegura a existência de um valor médio verdadeiro bem definido. A única condição para isso é que os N resultados correspondam a uma mesma distribuição de erros, o que deve-se verificar para medições repetidas N vezes, exatamente nas mesmas condições.

Existem diferentes formulações para a Lei fraca dos grandes números, e também versões tais como a chamada Lei forte dos grandes números. Mas o significado é essencialmente o mesmo da formulação apresentada acima[4].

A.3 Teorema do limite central

O *teorema do limite central*[5] explica porque a distribuição normal é importante na teoria dos erros e pode ser formulado como segue.

As quantidades y_1, y_2, $\cdots$, y_N são admitidas como N variáveis aleatórias independentes que têm distribuição de probabilidades comum com valor médio verdadeiro finito μ e variância σ^2.

---

[3]Medições repetidas em condições de "repetitividade" (ver Apêndice B).

[4]O leitor interessado pode consultar as Referências 18 e 19, por exemplo.

[5]Tradução adotada para a expressão "central limit theorem", que alguns entendem que deve ser traduzida como "teorema central do limite". O teorema do limite central é discutido nas Referências 18 e 20, por exemplo.

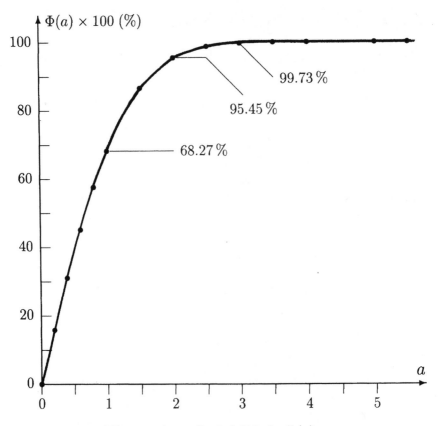

Figura A.1. *Probabilidade* $\Phi(a) \times a$.

A quantidade S_N^* é definida por

$$S_N^* = \frac{S_N - N\mu}{\sigma\sqrt{N}},$$

onde

$$S_N = y_1 + y_2 + \cdots + y_N.$$

Uma vez que a variância correspondente à soma S_N é $\sigma_S^2 = \sigma^2 N$, a quantidade S_N^* pode ser interpretada como o número de desvios padrões $\sigma\sqrt{N}$ que a soma S_N difere do valor médio verdadeiro correspondente ($N\mu$).

A.4. TEOREMA DE LINDEBERG-FELLER

Indicando por $P(S_N^* \leq a)$ a probabilidade de que S_N^* seja menor ou igual a um número finito qualquer a $(-\infty \leq a \leq +\infty)$, o teorema do limite central estabelece que

$$\lim_{N \to \infty} P(S_N^* \leq a) = \int_{-\infty}^{a} \frac{e^{-\frac{1}{2}z^2}}{\sqrt{2\pi}} \, dz, \qquad (A.1)$$

Em palavras, o teorema do limite central estabelece que a probabilidade de que S_N^* seja menor ou igual a um valor qualquer a é igual ao valor que teria esta probabilidade, se a distribuição de probabilidades para S_N^* fosse uma *distribuição normal padrão*, que é uma distribuição gaussiana com valor médio $\mu = 0$ e desvio padrão $\sigma = 1$.

Considerando a definição de S_N^*, pode ser verificado que

$$P(S_N \leq a) = P\left(S_N^* \leq \frac{a - N\mu}{\sigma\sqrt{N}}\right). \qquad (A.2)$$

A Equação A-1 no teorema do limite central também pode ser escrita na forma:

$$\lim_{N \to \infty} P(\mid S_N^* \mid \leq a) = \Phi(a) \equiv \int_{-a}^{a} \frac{e^{-\frac{1}{2}z^2}}{\sqrt{2\pi}} \, dz, \qquad (A.3)$$

onde $a \geq 0$. A Figura A.1 mostra o gráfico de $\Phi(a)$ em função de a.

As propriedades A.2 e A.3 são úteis em aplicações práticas do teorema do limite central. Exemplos de tais aplicações são apresentados nas Referências 18 e 20.

A.4 Teorema de Lindeberg-Feller

O teorema de Lindeberg-Feller é uma generalização do teorema do limite central, no qual as quantidades y_1, y_2, $\cdots$, y_N são variáveis aleatórias independentes, que podem ter diferentes distribuições de probabilidades, diferentes valores médios verdadeiros μ_1, μ_2, $\cdots$, μ_N e diferentes variâncias σ_1^2, σ_2^2, $\cdots$, σ_N^2, respectivamente.

216   APÊNDICE A. PROBABILIDADES

A quantidade S_N^* é definida como

$$S_N^* = \frac{S_N - \nu_N}{\tau_N} ,$$

onde

$$\nu_N = \mu_1 + \mu_2 + \cdots + \mu_N \qquad e \qquad \tau_N^2 = \sigma_1^2 + \sigma_2^2 + \cdots + \sigma_N^2 .$$

O teorema de Lindeberg-Feller estabelece que

$$\lim_{N \to \infty} P\left(S_N^* \le a \right) = \int_{-\infty}^{a} \frac{e^{-\frac{1}{2} z^2}}{\sqrt{2\pi}} \, dz , \qquad (A.4)$$

onde a é um número qualquer finito ($-\infty \le a \le +\infty$). desde que seja satisfeita a chamada condição de Lindeberg-Feller. Esta condição é difícil de ser interpretada e por isso não será apresentada aqui[6]. Mas, a partir da condição de Lindeberg-Feller e do próprio teorema acima, pode ser mostrada a seguinte condição

$$\lim_{N \to \infty} \left(\text{ maior valor de } \frac{\sigma_k^2}{\tau_N^2} \right) = 0 .$$

O significado desta condição é que a contribuição de cada termo σ_k^2 para a variância total τ_N^2 seja desprezível.

Em resumo, o teorema de Lindeberg-Feller estabelece que, se a quantidade S_N é uma soma de um grande número de contribuições aleatórias desprezíveis y_1, y_2, $\cdots$, y_N, então a distribuição de S_N em relação a seu valor médio verdadeiro deve convergir para uma distribuição gaussiana padrão.

Assim, não é difícil ver que o teorema de Lindeberg-Feller é uma espécie de demonstração de que erros estatísticos devem seguir uma distribuição normal (ou gaussiana). Para isto, deve ser satisfeita a condição de que o erro total seja uma soma de uma quantidade muito grande de pequenos erros aleatórios, sendo cada um deles uma contribuição desprezível para o erro total. Cada um desses erros pode ter uma distribuição de probabilidades qualquer, com variância finita.

---

[6]O leitor interessado pode consultar as Referências 18 e 19, por exemplo.

Apêndice B

Vocabulário sobre erros

Definições resumidas e comentários sobre termos e expressões de metrologia, mais usados na teoria dos erros, são apresentados neste Apêndice.

B.1 Introdução

A nomenclatura sobre metrologia e as regras básicas sobre incertezas têm sido discutidas nos últimos anos por grupos de trabalho constituídos de especialistas indicados pelas seguintes organizações internacionais:

- BIPM - Bureau International des Poids et Measures

- IEC - International Eletrotechnical Comission

- IFCC - International Federation of Clinical Chemistry

- ISO - International Organization for Standardization

- IUPAC - International Union of Pure and Applied Chemistry

- IUPAP - International Union of Pure and Applied Physics

- OIML - International Organization of Legal Metrology

218   *APÊNDICE B. VOCABULÁRIO SOBRE ERROS*

As recomendações dos grupos de trabalho são reunidas em duas publicações de 1993, editadas em nome destas organizações[1]:

- *Guide to the Expression of Uncertainty in Measurement (GEUM)*

- *International Vocabulary of Basic and General Terms in Metrology (IVM)*

O IVM foi traduzido para o português em 1994, por um grupo de trabalho[2] sob patrocínio do Instituto Nacional de Metrologia, Normalização e Qualidade Industrial (INMETRO), com o título[3]:

- *Vocabulário Internacional de Termos Fundamentais e Gerais de Metrologia (VIM).*

No que segue, são apresentadas as definições e alguns comentários sobre *alguns* termos mais usuais em teoria dos erros. Para as expressões que constam no VIM, além da expressão traduzida, são apresentadas também as palavras originais em inglês e francês. As definições que constam no VIM são apresentadas em itálico, entre aspas. As notas e observações que aparecem no VIM não foram reproduzidas aqui.

As expressões são indexadas por "∗" ou "•" com os significados:

- ∗ Expressões recomendadas no IVM, traduzidas para o VIM e também utilizadas no GEUM.

- ∗∗ Expressões usadas no GEUM, que não aparecem no IVM ou VIM.

- • Expressões que não aparecem no GEUM, nem no IVM ou VIM, mas foram usadas neste livro, por serem usuais ou por falta de expressão melhor.

As expressões foram ordenadas de forma que, na medida do possível, cada definição não envolva conceitos não mencionados antes.

---

[1]Referências 20 e 21.

[2]Giorgio Moscati (Instituto de Física USP), Marisa Ferraz (IPT), Luiz Mezzalira (Instituto Mackenzie) e Júlio Sampaio (Montreal Engenharia SA).

[3]Referência 22.

B.2 Vocabulário

* Grandeza (mensurável) (quantity / grandeur)

"Atributo de um fenômeno, corpo ou substância que pode ser distinguido qualitativamente e determinado quantitativamente."

Neste livro, uma grandeza deste tipo (mensurável) é chamada de "grandeza experimental".

* Medição (measurement / mesurage)

"Conjunto de operações que têm por objetivo de determinar o valor de uma grandeza."

A palavra "medida" é amplamente usada no sentido de "medição". Entretanto, deve-se reconhecer que a palavra *medição,* recomendada no VIM, é uma palavra mais correta.

* Metrologia (metrology / métrologie)

"Ciência da medição. A metrologia abrange todos os aspectos teóricos e práticos relativos às medições, qualquer que seja a incerteza, em quaisquer campos da ciência ou tecnologia".

* Valor verdadeiro (true value / valeur vraie)

"Valor consistente com a definição de uma dada grandeza específica."

O *valor verdadeiro de uma grandeza* é o valor que seria obtido de uma medição perfeita e a determinação do mesmo pode ser entendida como o objetivo final da medição. Entretanto, deve ser observado que o valor verdadeiro é por natureza, indeterminado.

* Resultado de uma medição (result of a measurement / résultat d'un mesurage)

"Valor atribuído ao mensurando, obtido por medição."

220 *APÊNDICE B. VOCABULÁRIO SOBRE ERROS*

Quando um *resultado* é apresentado, deve sempre ficar claro se é a simples indicação do instrumento de medição ou o valor médio de várias medições ou um valor obtido após eventuais correções.

* **Resultado não corrigido (uncorrected result/résultat brut)**

"Resultado da medição antes da correção devida a erros sistemáticos."

* **Resultado corrigido   (corrected result / résultat corrigé)**

"Resultado da medição após a correção devida a erros sistemáticos."

* **Mensurando (measurand / measurande)**
* **Objeto da medição**

"Grandeza específica submetida a medição."

* **Valor verdadeiro convencional (conventional true value / valeur conventionnellement vraie)**
• **Valor convencional ou valor de referência**

"Valor atribuído a uma grandeza específica e aceito, às vezes por convenção, como tendo uma incerteza apropriada para uma dada finalidade."

Por exemplo, as constantes físicas mais importantes são periodicamente analisadas e atualizadas pelo CODATA[4].

* **Erro (error / erreur)**

"Resultado de uma medição menos o valor verdadeiro do mensurando."

Isto é, o *erro* é o resultado de uma medição menos o valor verdadeiro da grandeza. Uma vez que o valor verdadeiro é uma quantidade desconhecida, resulta que o erro também é uma quantidade indeterminada, por natureza.

---

[4]Commitee on Data for Science and Technology. Ver Referência 2, por exemplo.

B.2. VOCABULÁRIO

221

Em geral, o erro é uma quantidade desconhecida. Entretanto, em certos casos excepcionais, o erro pode ser determinado com boa aproximação. Um exemplo de tal caso ocorre quando se realiza a medição de uma grandeza de valor convencional muito acurado, com objetivo de testar um aparato experimental. Uma situação semelhante ocorre em experiências didáticas. O aluno realiza uma experiência para determinar uma quantidade, cujo valor já é conhecido com acurácia muito maior do que a permitida pelo equipamento didático disponível. Em tais casos, pode-se obter o erro com muito boa aproximação, em relação às incertezas envolvidas.

Entretanto, como regra geral, o erro deve ser entendido como uma quantidade desconhecida e os conceitos de *erro* e *incerteza* devem ser cuidadosamente distinguidos.

* Desvio padrão experimental (experimental standard deviation / écart-type expérimental)

"Para uma série de n medições de um mesmo mensurando, a grandeza s, que caracteriza a dispersão dos resultados é dada pela fórmula:

$$ s = \sqrt{\frac{\sum_i^n (x_i - \overline{x})^2}{n - 1}} $$

onde x_i representa o resultado da i-ésima medição e $\overline{x}$ é a média aritmética dos n, resultados considerados."

O desvio padrão experimental é uma *estimativa não tendenciosa* para o desvio padrão da distribuição de erros[5].

O *desvio padrão experimental da média* é dado por $\sigma = \frac{\sigma}{\sqrt{n}}$.

* Incerteza de medição (uncertainty of measurement / incertitude de mesure)

"Parâmetro associado ao resultado de uma medição, que caracteriza a dispersão dos valores que podem ser fundamentadamente atribuídos ao mensurando."

---

[5]Ver Referências 17 e 20.

222 APÊNDICE B. VOCABULÁRIO SOBRE ERROS

Embora desconhecido, o *mensurando tem um valor verdadeiro único*, por hipótese. Entretanto, diferentes valores podem ser "atribuídos" ao mensurando e a incerteza caracteriza a dispersão destes valores.

A *incerteza* indica quanto pode ser o erro. Evidentemente, a incerteza só pode ser obtida e interpretada em termos probabilísticos.

Existem várias formas de indicar a incerteza, tais como incerteza padrão, incertezas expandidas, limite de erro e erro provável (usado antigamente).

• Limite de erro

O *limite de erro* é o valor máximo admissível para o erro de medição. Pode ser um limite de erro absoluto com 100 % de confiança ou um limite de erro com confiança um pouco menor.

• Limite de erro estatístico

O *limite de erro estatístico* é 3 vezes o desvio padrão obtido por métodos estatísticos e define um intervalo de confiança de aproximadamente 99, 7 % para o valor médio verdadeiro.

* Repetitividade (repeatability / répétabilité)

"Grau de concordância entre resultados de sucessivas medições de um mesmo mensurando, efetuadas sob as mesmas condições de medição."

Estas *mesmas condições* podem ser chamadas *condições de repetitividade*, que incluem mesmo procedimento de medição, mesmo observador, mesmos instrumentos e nas mesmas condições, mesmo local e repetições não muito espaçadas no tempo.

* Reprodutibilidade (reproducibility / reproductibilité)

"Grau de concordância entre resultados de medições de um mesmo mensurando, efetuadas sob condições variadas de medição."

Se o princípio ou método de medição, ou qualquer das condições de repetitividade é modificada, deve-se falar em reprodutibilidade de resultados.

B.2. VOCABULÁRIO

• Valor médio verdadeiro ou média limite

Valor médio verdadeiro ou *média limite* é o valor médio que seria obtido de um número infinito de medições em condições de repetitividade.

* Erro aleatório (random error / erreur aléatoire)

• Erro estatístico

"Resultado de uma medição menos a média que resultaria de um número infinito de medições do mesmo mensurando, efetuadas sob condições de repetitividade."

O *erro estatístico* ou *erro aleatório* é a diferença entre o resultado da medição e o valor médio verdadeiro (média limite).

Os erros estatísticos mudam aleatoriamente, quando a medição é repetida em condições de repetitividade.

O erro estatístico da média pode ser reduzido por meio de repetições da medição. Por exemplo, o desvio padrão da média de n resultados é $\sqrt{n}$ vezes menor que o desvio padrão para as medições.

* Erro sistemático (systematic error / erreur systématique)

"Média que resultaria de um número infinito de medições do mesmo mensurando, efetuadas sob condições de repetitividade, menos o valor verdadeiro do mensurando."

Erro sistemático é o erro do valor médio verdadeiro. Em condições de repetitividade, o erro sistemático na média é o mesmo que em cada resultado, independentemente do número de repetições da medição.

Um erro pode ser identificado como erro sistemático, se é sempre o mesmo, quando a medição é repetida em condições de repetitividade.

* Correção (correction / correction)

"Valor adicionado algebricamente ao resultado não corrigido de uma medição para compensar um erro sistemático."

224 *APÊNDICE B. VOCABULÁRIO SOBRE ERROS*

* Fator de correção (correction factor / facteur de correction)

"Fator numérico pelo qual um resultado não corrigido de uma medição é multiplicado para compensar um erro sistemático."

• Erro sistemático residual

As correções para compensação de um erro sistemático nunca são perfeitas. Assim, *erro sistemático residual* pode ser definido como o resíduo do erro sistemático. Isto é, a diferença entre o erro sistemático e a correção.

Um erro sistemático não corrigido, também pode ser entendido como um erro sistemático residual, quando não há possibilidade de se efetuar correções posteriores.

* Exatidão (accuracy / exactitude)

• Acurácia

"Exatidão é o grau de concordância entre o resultado de uma medição e o valor verdadeiro do mensurando."

Exatidão ou *acurácia*[6] é um conceito qualitativo.

"Acurácia" ou "exatidão são as palavras para indicar a *qualidade final de um resultado,* do ponto de vista do erro de medição.

A palavra *precisão* (a seguir) nunca deve ser utilizada com o sentido de acurácia ou de exatidão.

• Precisão

Precisão é um conceito qualitativo para indicar o grau de concordância entre os diversos resultados experimentais obtidos em condições de repetitividade. Assim, "boa precisão" significa erro estatístico pequeno, de forma que os resultados apresentam boa repetitividade. Entretanto, pode existir erro sistemático grande e a acurácia pode ser ruim.

---

[6]A tradução adotada no VIM é exatidão. Entretanto, a palavra acurácia já é usada (Referências 10 e 1ª Edição deste livro) e se identifica mais com a palavra "accuracy". Além disso, os adjetivos correspondentes a exatidão (exato, exata) não são adequados, pois estariam em desacordo com o significado usual dessas palavras.

B.2. VOCABULÁRIO

** Incerteza padrão

A *incerteza padrão* é a incerteza em um resultado final dada na forma de um desvio padrão.

A expressão *incerteza padrão* consta do "GEUM" (Referência 20), mas não aparece no IVM (Referência 21). Isto significa que esta também não é uma expressão de consenso.

** Incerteza padrão tipo A

• Incerteza estatística ou incerteza padrão estatística

A *incerteza padrão tipo A* é uma incerteza padrão obtida por métodos estatísticos. Isto significa que a incerteza padrão de tipo A é obtida a partir de resultados de n de medições quaisquer, em condições de repetitividade ou não.

A incerteza padrão tipo A é determinada pelos métodos estatísticos usuais e indicada pelo desvio padrão resultante da análise estatística. Quando for o caso, também devem ser indicadas as covariâncias.

Neste livro, a *incerteza padrão tipo A* é chamada de *incerteza estatística* ou *incerteza tipo A,* sendo omitido o adjetivo "padrão" para simplificar um pouco a nomenclatura.

** Incerteza padrão tipo B

• Incerteza sistemática residual

A *incerteza padrão de tipo B* é uma incerteza padrão obtida por qualquer método que não seja estatístico.

Embora *erros sistemáticos* e *erros estatísticos* possam ser distinguidos numa experiência sob condições experimentais bem determinadas, a distinção entre tais tipos de erros é bastante arbitrária[7].

Neste livro, a *incerteza tipo B* é chamada de *incerteza tipo A* ou *incerteza sistemática residual,* sendo omitido o adjetivo "padrão" para simplificar um pouco a nomenclatura.

---

[7]Uma discussão a respeito é apresentada no Capítulo 6.

226 APÊNDICE B. VOCABULÁRIO SOBRE ERROS

** Intervalo de confiança

Considerando o intervalo entre a e b, pode-se fazer a seguinte afirmativa com relação a uma quantidade desconhecida y:

$$a \leq y \leq b.$$

Se a afirmativa tem probabilidade P de ser correta, o intervalo definido pelos valores a e b é um *intervalo de confiança* P para y.

** Coeficiente de confiança

• Nível de confiança

O *coeficiente de confiança, nível de confiança* ou *confiança* é a probabilidade P para um determinado intervalo de confiança.

Por exemplo, se y_v é o valor verdadeiro de uma grandeza, y é um resultado experimental e σ é a incerteza padrão

$$y - \sigma \leq y_v \leq y + \sigma \qquad (\text{com } P \approx 68\%)$$

define um intervalo com coeficiente de confiança $P \approx 68\%$, para distribuição normal de erros e incerteza σ obtida a partir de número de graus de liberdade razoavelmente grande.

** Incerteza expandida com confiança P

• Limite de erro com confiança P

A *incerteza expandida* é a incerteza padrão multiplicada por uma constante k, de forma a se obter um intervalo de confiança P determinada.

Neste livro, a incerteza expandida com confiança P é chamada *limite de erro com confiança P*.

Para distribuição normal de erros e incerteza padrão experimental, valem os seguintes coeficientes de confiança:

$$k = 2 \quad (y - 2\sigma \leq y_v \leq y + 2\sigma) \quad (\text{tem confiança } P \approx 95\%)$$

$$k = 3 \quad (y - 3\sigma \leq y_v \leq y + 3\sigma) \quad (\text{tem confiança } P \approx 99\%).$$

Os coeficientes de confiança P indicados são válidos com boa aproximação para a incerteza σ obtida a partir de número de graus de liberdade razoavelmente grande.

Apêndice C

Regras ortodoxas e aleatórias

Neste Apêndice, são resumidas duas concepcões diferentes a respeito de incertezas, que são chamadas "ortodoxa" e "aleatória".

C.1 Teorias "ortodoxa" e "aleatória"

Com relação a incertezas estatísticas e sistemáticas ou incertezas tipo A e tipo B, a nomenclatura e as regras para combinar tais incertezas são controvertidas. Essencialmente, existem dois tipos de concepções a respeito que são chamadas de "teoria ortodoxa" e "teoria aleatória".

O assunto é detalhadamente discutido na Referência 7. A nomenclatura adotada aqui é a mesma desta Referência, tendo sido as expressões "orthodox theory" e "randomatic theory" traduzidas como "teoria ortodoxa" e "teoria aleatória", respectivamente

A seguir, são resumidas as regras básicas e a nomenclatura correspondentes a essas concepções.

228   *APÊNDICE C. REGRAS ORTODOXAS E ALEATÓRIAS*

C.2   Recomendações do BIPM

As recomendações do BIPM[1] estão mais de acordo com a "teoria aleatória" e são resumidas a seguir[2].

- A incerteza no resultado de uma medição geralmente consiste de várias componentes que podem ser agrupadas em duas categorias conforme a maneira como o valor numérico das mesmas é estimado:

  * *Incertezas tipo A*, avaliadas por métodos estatísticos e

  * *Incertezas de tipo B*, avaliadas por outros métodos.

  Nem sempre existe uma correspondência simples entre as incertezas de tipo A ou B e as incertezas chamadas aleatórias[3] ou sistemáticas. A expressão "incerteza sistemática" pode gerar confusão e deveria ser evitada.

  Qualquer registro detalhadado da incerteza deveria consistir de uma lista completa de componentes, especificando para cada uma, o método para obter o respectivo valor numérico.

- As incertezas de tipo A são caracterizadas pelas variâncias estimadas s_i^2 (ou pelos desvios padrões estimados s_i) e pelos números de graus de liberdade ν_i. Quando for o caso, as covariâncias devem também ser apresentadas.

- As incertezas de tipo B devem ser caracterizadas por quantidades μ_j^2, que podem ser consideradas como aproximações às variâncias correspondentes, sendo admitida a existência de tais variâncias. As quantidades μ_j^2 devem ser tratadas como variâncias e as quantidades μ_j como desvios padrões. Quando for o caso, as covariâncias também devem ser consideradas de maneira similar.

---

[1] Um breve histórico sobre o BIPM é apresentado na Seção 7.6.

[2] Estas regras são apresentadas nas Referências 7, 8 e 20.

[3] Neste livro, é utilizada a expressão "incerteza estatística".

C.3. REGRAS ORTODOXAS

- A incerteza combinada deveria ser caracterizada pelo valor numérico obtido pela aplicação do método usual para combinação de variâncias. A incerteza combinada e as respectivas componentes devem ser expressas na forma de "desvios padrões".

- Se, para aplicações específicas, é necessário multiplicar a incerteza combinada por um fator para obter a incerteza final, o fator multiplicativo deve ser sempre apresentado.

C.3 Regras ortodoxas

As regras mais representativas da chamada "teoria ortodoxa" são apresentadas a seguir[4].

- As incertezas de medição devem ser separadas em 2 categorias:

  * *Incerteza aleatória*[5] obtida a partir da análise estatística dos resultados de medições repetidas e

  * *Incerteza sistemática*, avaliada por métodos não estatísticos.

- Ao combinar as incertezas, num experimento complexo envolvendo medições de várias quantidades, as duas categorias de incertezas devem ser mantidas separadas em todas as etapas.

- A incerteza aleatória total deve ser obtida pela combinação das variâncias das médias de medições individuais com aquelas associadas a constantes, fatores de calibração e outras.

- As componentes sistemáticas da incerteza devem ser dadas na forma de valores máximos ou limites absolutos para as incertezas.

- O apresentação do resultado da medição deve consistir do valor médio corrigido, da incerteza aleatória e da incerteza sistemática.

---

[4]Conforme apresentado na Referência 7. Outras referências são mencionadas neste mesmo artigo.

[5]Neste livro, é utilizada a expressão "incerteza estatística".

230 APÊNDICE C. REGRAS ORTODOXAS E ALEATÓRIAS

- Todas as componentes da incerteza sistemática devem ser apresentadas, bem como o método usado para combinar estas incertezas para se obter a incerteza sistemática final.

- A combinação da incerteza sistemática com a incerteza aleatória, para se obter uma incerteza global, é desaconselhada. Se isto for considerado necessário numa situação particular, as componentes das incertezas e as regras para combiná-las devem ser dadas.

C.4 Discussão sobre as regras

As diferenças mais importantes entre as regras "ortodoxas" e "aleatórias" são na nomenclatura e na regra para combinar incertezas sistemáticas e estatísticas, ou incertezas de tipo A e de tipo B. Apesar das diferenças, a *apresentação de todas as componentes da incerteza final e as regras para combiná-las não são dispensadas em nenhum dos dois conjuntos de regras.* Isto significa que os resultados apresentados para as incertezas podem sempre ser reavaliados para atender os objetivos específicos dos usuários de tais resultados.

Neste livro, foram adotadas as regras básicas da teoria aleatória. Entretanto, a nomenclatura com relação a erros sistemáticos e aleatórios (estatísticos) foi mantida porque trata-se de uma nomenclatura bastante difundida. Em particular, num livro didático é bastante difícil evitar esta nomenclatura, uma vez que esta expressão é extensivamente utilizada em livros e revistas. Além disso, num processo de medição específico e não muito complicado, as incertezas sistemáticas e estatísticas ficam bem caracterizadas e podem ser perfeitamente identificadas com incertezas de tipo A e de tipo B.

As recomendações do BIPM resumem as regras básicas da chamada "teoria aleatória". No caso mais simples, σ_A^2 é a variância correspondente à incerteza tipo A e σ_B^2 é a variância correspondente à incerteza de tipo B, então a variância final é dada por[6]

$$\sigma^2 = \sigma_A^2 + \sigma_B^2. \tag{C.1}$$

---

[6]Este resultado é demonstrado na Seção 7.6 do Capítulo 7, para duas variâncias entendidas como estatísticas.

C.4. DISCUSSÃO SOBRE AS REGRAS 231

Para ser consistente com as regras ortodoxas, as incertezas sistemáticas devem ser combinadas de maneira linear, somando-se os erros máximos admissíveis[7]. Se, eventualmente, as incertezas sistemática e aleatória devem ser combinadas, isto também deve ser feito de maneira linear somando os erros máximos admissíveis[8].

Uma regra ortodoxa usada[9] consiste em somar o *limite de erro sistemático* L_{sist} com o *limite de erro estatístico*[10] $L_{est} = 3\sigma_{est}$, para se obter o limite de erro final:

$$L = L_{sist} + L_{est} = L_{sist} + 3\sigma_{est}, \qquad (C.2)$$

onde σ_{est} é o desvio padrão, obtido por métodos estatísticos.

Para ilustrar a diferença entre as duas regras, pode-se considerar o seguinte exemplo:

Para somar aproximadamente os valores de 10 cheques de alto valor, os centavos são eliminados por arredondamento[11]. Admitindo que os valores dos centavos são completamente aleatórios, o problema aqui proposto consiste em determinar a incerteza na soma.

O limite de erro em cada cheque é 0,50 que é o erro máximo de arredondamento. Conforme as regras ortodoxas esses limites de erro devem ser somados, para se obter o limite de erro total. Assim, resulta

$$(L)_{ort} = 5,0$$

Conforme as regras aleatórias, o cálculo é bem mais complicado. A distribuição de probabilidades para os valores dos centavos deve ser retangular com desvio padrão σ dado por[12]

$$\sigma^2 = \frac{(0,5)^2}{3} = 0,0833 \qquad \text{ou} \qquad (\sigma = 0,29).$$

---

[7]Uma discussão a respeito é apresentada na Referência 7.

[8]Pelas regras "aleatórias", as variâncias são somadas, resultando em erros máximos admissíveis que tendem a ser estatisticamente menores.

[9]Ver Referência 4, por exemplo.

[10]Ver Seção 7.5 do Capítulo 7.

[11]Conforme as regras da Seção 5.4.

[12]Ver Exemplo 2 e Questão 2 do Capítulo 2.

232   APÊNDICE C. REGRAS ORTODOXAS E ALEATÓRIAS

O desvio padrão na soma $S = x_1 + x_2 + \cdots x_{10}$, é obtido por

$$\sigma_s = \sqrt{\sigma_1^2 + \sigma_2^2 + \cdots + \sigma_{10}^2} = \sigma\sqrt{10} = 0,91.$$

Considerando o limite de erro estatístico dado por[13] $L = 3\sigma$, obtém-se um limite de erro com confiança da ordem de 99%:

$$(L)_{aleat} = 2,74 \qquad (\text{com confiança } p \approx 99\%)$$

Conforme pode ser visto, o limite de erro calculado pelas regras ortodoxas é quase 2 vezes maior que neste caso.

Em geral, os físicos parecem preferir as regras aleatórias. Certamente isto se deve ao fato que essas regras resultam em valores menores para incertezas, o que tende a prestigiar mais a medição realizada. Entretanto, deve ser observado que, historicamente, os físicos experimentais sempre subestimaram as incertezas dos resultados experimentais. Isto é claramente demonstrado na Referência 3 (Petley), onde é feita um estudo das incertezas atribuídas na época, aos valores de várias constantes físicas fundamentais ao longo de várias décadas passadas.

Petley considerou para cada constante, um valor atualizado muito acurado, que pode ser considerado como boa aproximação para o valor verdadeiro. Assim, foi possível calcular com boa aproximação, os erros nos valores antigos (mais de 10 anos anteriores). A conclusão é que as incertezas *estimadas pelos próprios pesquisadores que realizaram as medições*, são aproximadamente 3 vezes menores do que deveriam, em média[14]. Em resumo, as incertezas foram subestimadas por um fator 3.

A favor das regras ortodoxas pode-se dizer que essas regras resultam num limite de erro bastante confiável. Entretanto, a desvantagem é que, em geral, tais limites de erro são excessivamente grandes, que dificilmente podem ocorrer.

As regras ortodoxas são mais aceitas entre pesquisadores que trabalham em laboratórios de calibração de padrões. Os resultados influem na aferição de uma infinidade de aparelhos, instrumentos e dispositivos comerciais, que por sua vez afetam especificações de uma infinidade de produtos usados na vida quotidiana. Isto é, as incertezas estipuladas podem trazer consequências práticas extensas e significativas.

---

[13]Ver Equação 7.17 da Seção 7.5.
[14]Ver Tabela 1.5 da Referência 3.

Apêndice D

Critério de Chauvenet

Quando uma grandeza y é medida n vezes, pode ocorrer que o desvio $d_j = (y_j - \bar{y})$ de um resultado y_j, em relação ao valor médio, seja muito grande comparado com o desvio padrão das medições. Isto pode ocorrer devido a erros grosseiros, eventuais falhas momentâneas do equipamento ou, simplesmente, uma flutuação estatística excepcional. Em qualquer caso, é razoável eliminar y_j do conjunto de dados.

Conforme o *critério rejeição de Chauvenet*,[1] um resultado y_j deve ser rejeitado em n medições, se o módulo do desvio d_j é maior que um valor d_{ch}, chamado *limite de rejeição de Chauvenet*:

$$| \, d_j \, | = | \, y_j - \bar{y} \, | > d_{ch} \qquad (\text{para rejeição de } y_j \,), \qquad (\text{D.1})$$

onde os valores de d_{ch} são dados na Tabela D.1, em função do número de medições n, e podem ser interpretados como segue.

Considerando desvios $\eta = (y_i - y_{mv})$ em relação ao valor médio verdadeiro y_{mv}, a probabilidade de ocorrer um desvio com módulo maior do que d_{ch} é dada por[2]:

$$p_0 = \int_{-\infty}^{-d_{ch}} G(\eta) \, d\eta + \int_{+d_{ch}}^{+\infty} G(\eta) \, d\eta = 1 - \int_{-d_{ch}}^{+d_{ch}} G(\eta) \, d\eta, \qquad (\text{D.2})$$

onde $G(\eta)$ é a distribuição de probabilidades para os erros estatísticos.

---

[1] Ver Referências 12 e 14, por exemplo.
[2] Ver Seção 2.3 do Capítulo 2.

APÊNDICE D. CRITÉRIO DE CHAUVENET

Tabela D.1. *Limite de rejeição de Chauvenet.*

$100\,p_o$ (%)	n	d_{ch}	$100\,p_o$ (%)	n	d_{ch}
6,3	8	$1,86\,\sigma$	1,0	50	$2,58\,\sigma$
5,0	10	$1,96\,\sigma$	0,5	100	$2,80\,\sigma$
4,2	12	$2,04\,\sigma$	0,25	200	$3,02\,\sigma$
3,3	15	$2,13\,\sigma$	0,10	500	$3,29\,\sigma$
2,5	20	$2,24\,\sigma$	0,05	1000	$3,48\,\sigma$
1,7	30	$2,39\,\sigma$	0.03	2000	$3,66\,\sigma$

Para n medições, o *valor médio* para o número de resultados tais que $|\,\eta\,| > d_{ch}$ é dado por

$$\overline{n_f} = p_o\, n \qquad\qquad (D.3)$$

Isto é, para um valor determinado d_{ch}, espera-se que, em média, ocorram $\overline{n_f}$ resultados fora dos limites de Chauvenet ($|\,\eta\,| > d_{ch}$). No critério de Chauvenet, o valor d_{ch} é calculado de forma que o número esperado de resultados fora dos limites seja $0,5$:

$$\overline{n_f} = p_o\, n = 0,5 \qquad \text{ou} \qquad p_o = \frac{1}{2n} \qquad (D.4)$$

Assim,

$$p_0 = 1 - \int_{-d_{ch}}^{+d_{ch}} G(\eta)\, d\eta = \frac{1}{2n} \qquad (D.5)$$

Os valores de d_{ch} podem ser calculados em função de n se a distribuição $G(\eta)$ é conhecida. A Tabela D.1 mostra os resultados calculados para a distribuição gaussiana.

Em resumo, a justificativa para o critério de Chauvenet é que, em média, deveriam ser feitas pelo menos 2 séries de n medições para se obter *um resultado* fora dos limites de Chauvenet ($|\,\eta\,| > d_{ch}$).

Na aplicação do critério de Chauvenet, são considerados o valor médio ($\overline{y}$) e o desvio padrão experimental (σ) para o conjunto de medições. Evidentemente, se um resultado y_j é rejeitado conforme Equação D.1, os valores de $\overline{y}$ e σ devem ser novamente calculados.

Apêndice E

Variáveis correlacionadas

(Propagação de incertezas)

Se as quantidades x e y são calculadas a partir de N *grandezas experimentais* ($w_1, w_2, \ldots, w_N$). então as quantidades x e y são correlacionadas. em geral. A covariância $\sigma_{xy}^2 \equiv cov(x, y)$ pode ser obtida a partir de $w_1, w_2, \ldots, w_N$. como mostrado a seguir, para o caso em que estas variáveis são independentes.

Para um particular conjunto de medições de ($w_{1i}, w_{2i}, \ldots, w_{Ni}$), os valores de x e y são admitidos como dados por relações conhecidas:

$$x_i = x(w_{1i}, w_{2i}, \cdots, w_{Ni}) \qquad \text{e} \qquad y_i = y(w_{1i}, w_{2i}, \cdots, w_{Ni}). \quad (E.1)$$

Admitindo que as medições de ($w_{1i}, w_{2i}, \ldots, w_{Ni}$) são repetidas n vezes, a covariância $\sigma_{xy}^2 \equiv cov(x, y)$ é definida por [1]

$$\sigma_{xy}^2 = \lim_{n \to \infty} \frac{1}{n} \sum_{i=1}^{n} (x_i - \mu_x)(y_i - \mu_y), \qquad (E.2)$$

onde μ_x e μ_y são valores médios verdadeiros das variáveis x e y. Indicando por $\mu_{w1}, \mu_{w2}, \ldots, \mu_{wN}$ os valores médios verdadeiros das grandezas $w_1, w_2, \ldots, w_N$, pode-se afirmar que

$$\mu_x = x\left(\mu_{w1}, \mu_{w2}, \cdots, \mu_{wN}\right) \qquad \text{e} \qquad \mu_y = y\left(\mu_{w1}, \mu_{w2}, \cdots, \mu_{wN}\right). \quad (E.3)$$

---

[1]Ver Seção 8.4 do Capítulo 8.

APÊNDICE E. VARIÁVEIS CORRELACIONADAS

As quantidades x_i e y_i podem ser expandidas em séries de potências dos desvios de w_{1i}, w_{2i}, ..., w_{Ni} em relação aos valores médios verdadeiros correspondentes. As expansões até 1ª ordem são dadas por

$$x_i \cong x(\mu_{w1}, \mu_{w2}, \cdots, \mu_{wN}) + \sum_{I=1}^{N} \frac{\partial x}{\partial w_I}(w_{Ii} - \mu_{wI}) \quad \text{e}$$

$$y_i \cong y(\mu_{w1}, \mu_{w2}, \cdots, \mu_{wN}) + \sum_{I=1}^{N} \frac{\partial y}{\partial w_I}(w_{Ii} - \mu_{wI}),$$

onde as derivadas são admitidas como calculadas para os valores médios verdadeiros μ_{w1}, μ_{w2}, ..., μ_{wN}. Utilizando E.3, obtém-se

$$x_i - \mu_x \cong \sum_{I=1}^{N} \frac{\partial x}{\partial w_I}(w_{Ii} - \mu_{wI}) \quad \text{e}$$

$$y_i - \mu_y \cong \sum_{J=1}^{N} \frac{\partial y}{\partial w_J}(w_{Ji} - \mu_{wJ}). \tag{E.4}$$

Substituindo na expressão E.2 para a covariância, obtém-se

$$\sigma_{xy}^2 = \lim_{n \to \infty} \frac{1}{n} \sum_{i=1}^{n} \sum_{I=1}^{N} \sum_{J=1}^{N} \frac{\partial x}{\partial w_I} \frac{\partial y}{\partial w_J}(w_{Ii} - \mu_{wI})(w_{Ji} - \mu_{wJ}) \tag{E.5}$$

No caso $I \neq J$ os desvios $(w_{Ii} - \mu_{wI})$ e $(w_{Ji} - \mu_{wJ})$ não têm nenhuma correlação entre si, quando as grandezas experimentais $(w_1, w_2, \ldots, w_N)$ são *estatisticamente independentes*. Assim, resulta

$$\lim_{n \to \infty} \frac{1}{n} \sum_{i=1}^{n} (w_{Ii} - \mu_{wI})(w_{Ji} - \mu_{wJ}) = 0 \quad \text{para} \quad I \neq J. \tag{E.6}$$

Quanto aos termos correspondentes a $I = J$, deve-se observar que

$$\lim_{n \to \infty} \frac{1}{n} \sum_{i=1}^{n} (w_{Ii} - \mu_{wI})^2 = \sigma_{wI}^2, \tag{E.7}$$

onde σ_{wI}^2 é a variância correspondente a w_I. Substituindo E.6 e E.7 na expressão E.5 para a covariância, obtém-se finalmente

$$\sigma_{xy}^2 \equiv cov(x, y) \cong \sum_{I=1}^{N} \frac{\partial x}{\partial w_I} \frac{\partial y}{\partial w_J} \sigma_{wI}^2. \tag{E.8}$$

Apêndice F

Incerteza no desvio padrão

O desvio padrão experimental σ para um conjunto de n medições de uma mesma grandeza y é estimado por

$$\sigma^2 \cong \frac{1}{n-1} \sum_{i=1}^{n} (y_i - \bar{y})^2 \tag{F.1}$$

E o *desvio padrão no valor médio* é estimado por

$$\sigma_m = \frac{\sigma}{\sqrt{n}} \tag{F.2}$$

Este desvio padrão também é uma quantidade determinada experimentalmente, à qual também pode ser atribuída uma incerteza estatística s (desvio padrão do desvio padrão).

O desvio padrão s caracteriza a dispersão dos valores de σ_m, quando a série de n medições é repetida muitas vezes. Aproximadamente, o valor de s é dado por [1]

$$s^2 \approx \frac{\sigma_m^2}{2(n-1)} \qquad \text{ou} \qquad \frac{s}{\sigma_m} \approx \frac{1}{\sqrt{2(n-1)}} \tag{F.3}$$

A Tabela F.1 mostra os valores da incerteza percentual no desvio padrão do valor médio, em função do número n de medições realizadas. Os valores da Tabela F.1 foram obtidos da Referência 20 e são mais exatos que os calculados pela Equação F.3.

---

[1] Ver, por exemplo, Referências 10, 13, 17 ou 20.

238 APÊNDICE F. INCERTEZA NO DESVIO PADRÃO

Tabela F.1. *Incerteza no desvio padrão do valor médio.*

n	$\frac{s}{\sigma_m} \times 100\,(\%)$
2	76
3	52
4	42
5	36
10	24
20	16
50	10
100	7,1
200	5,0
500	3,2
1000	2,2
5000	1,0

Como pode ser visto, a incerteza nos valores de σ_m para pequeno número de medições é bastante alta. Muitos críticos questionam os procedimentos para avaliação de incertezas tipo B ou de incertezas sistemáticas, como sendo poucos rigorosos ou muito subjetivos. Entretanto, as incertezas de tipo A, avaliadas por métodos estatísticos, também podem ter incertezas bastante grandes.

Os resultados da Tabela F.1 justificam[2] porque a incerteza deve ser dada com 2 algarismos, quando o 1o algarismo é 1 ou 2. Por exemplo, considerando $n = 10$ e $\sigma_m \cong 2,5$, a incerteza em σ_m é aproximadamente $0,5$. Isto significa que o erro de arredondamento poderia ser aproximadamente igual à própria incerteza. Assim, não se justifica o arredondamento, que só deve ser aplicado se o erro de arredondamento for bem menor que a própria incerteza. Por outro lado, se $\sigma_m \cong 8,5$ e $n = 10$, a incerteza na incerteza seria aproximadamente $2,0$ e o erro de arredondamento $(< 0,5)$ não seria muito significativo.

---

[2]Esta justificativa é sugerida na Referência 17.

Referências bibliográficas

1. Eisenhart, C., 1962. *Realistic Evaluation of the Precision and Accuracy of Instrument Calibration Systems*, J. Research National Bureau of Standards Vol. 67C/2, pp.161.

2. Taylor, B.N., 1988. *The Physical Constants*, Phys. Lett. B Vol.204.

3. Petley, B.W., 1985. *The Fundamental Physical Constants and the Frontier of Measurement*, Adam Hilger Ltd, London.

4. Eisenhart, C., 1968. *Expression of the Uncertainties of Final Results*, Science Vol. 160, pp.1201.

5. Meiners, H.F., Eppenstein, W. e Moore, K.H., 1969. *Laboratory Physics*, John Wiley and Sons.

6. H.N. Koshkin, H.N. e Shirkevich, M., 1968. *Handbook of Elementary Physics*, Mir Publishers, Moscow.

7. Colclough, A.R., 1987. *Two Theories of Experimental Error*, J. Research National Bureau of Standards, Vol. 92/3, pp.167.

8. Collé, R. and Karp, P., 1987. *Measurement Uncertanties: Report of an International Working Group Meeting*, J. Research National Bureau of Standards, Vol. 92/3, pp.243.

9. Bevington, P.R., 1969. *Data Reduction and Error Analysis for the Physical Sciences*, McGraw-Hill Book Company.

10. Helene, O.A.M. e Vanin, V.R., 1981. *Tratamento Estatístico de Dados em Física Experimental*, Ed. Edgard Blücher Ltda, São Paulo.

240

11. Beers, Y., 1953. *Introduction to the Theory of Error*, Addison-Wesley Publishing Co., Cambridge (Mass.).

12. Parratt, L.G., 1961. *Probability and Experimental Errors in Science*, John Wiley and Sons, Inc., New York.

13. Leme, R.A.S., 1967. *Curso de Estatística - Elementos*, Editora Ao Livro Técnico, Rio de Janeiro.

14. Pugh, E.M. e Winslow, G.H., 1966. *The Analysis of Physical Measurements*, Addison-Wesley.

15. Symon, K.R., 1982. *Mecânica*, Editora Campus Ltda, Rio de Janeiro.

16. Helene, O.A.M., Tsai, S.P. e Teixeira, R.R.P., 1991. *O que é uma medida?*, Rev. Bras. Ensino Física, Vol.13, pp.12.

17. Vanin, V.R., 1991. *Tópicos Avançados em Tratamento Estatístico de Dados Experimentais*, Apostila do Instituto de Física da USP, São Paulo.

18. Woodroofe, M., 1975, *Probability with Aplications*, McGraw-Hill Kogakusha, Ltd, Tokyo (1975).

19. Gnedenko, B., 1969. *The Theory of Probability*, MIR Publishers, Moscow.

20. BIPM/IEC/IFCC/ISO/IUPAC/IUPAP/OIML, 1993. *Guide to the Expression of Uncertainty in Measurement*, International Organization for Standardization, Geneva.

21. BIPM/IEC/IFCC/ISO/IUPAC/IUPAP/OIML, 1993. *International Vocabulary of Basic and General Terms in Metrology*, 2nd Edition, International Organization for Standardization, Geneva.

22. BIPM/IEC/IFCC/ISO/IUPAC/IUPAP/OIML, 1994. *Vocabulário Internacional de Termos Fundamentais e Gerais em Metrologia*, INMETRO, Rio de Janeiro (Tradução da Referência anterior, a ser publicada pelo Diário Oficial da União).

Índice remissivo

A

Acurácia, 79, 224
Ajuste de função, 143, 146, 150
Ajuste de função linear nos parâmetros, 157
Ajuste de funções exponenciais, 167
Ajuste de função para incertezas iguais, 162
Ajuste de parábola, 179, 185, 191,207
Ajuste de polinômio, 147, 171, 179, 205
Ajuste de reta (caso geral), 122, 171, 172, 181, 184
Ajuste de reta com parâmetros independentes, 166
Ajuste de reta para incertezas iguais, 175
Ajuste de reta passando pela origem, 176, 188
Ajuste de reta pela origem e incertezas iguais, 177
Algarismos significativos, 66, 70
Algarismos significativos na incerteza padrão, 68
Ângulo de Brewster, 128
Aplicações da distribuição de Poisson, 18
Aproximação gaussiana para a distribuição de Poisson, 17, 22
Arredondamento de números, 71
Avaliação de qualidade de um ajuste, 146, 189, 193, 195

B

Balança simples de pratos, 88
Baricentro de pontos experimentais, 153, 166
Barras de incerteza, 59, 125, 142, 146, 193
Bureau Internacional de Pesos e Medidas (BIPM), 105, 217, 228

242

C

Coeficiente de confiança, 55, 226
Coeficiente de correlação, 122
Cofator de matriz quadrada, 160
Combinações, 10
Concepção aleatória sobre incertezas, 227, 228
Concepção ortodoxa sobre incertezas, 227, 229
Conjunto de pontos experimentais, 141, 149, 157, 172
Constante universal de gravitação, 58, 72, 76
Correção, 223
Correlação, 122
Covariância, 121, 162, 180, 235
Covariância dos parâmetros ajustados, 162, 180
Covariância dos parâmetros de uma reta ajustada, 166, 181
Critério de barras de incerteza para qualidade de ajuste, 146, 193
Critério de rejeição de Chauvenet, 233
Critério de rejeição de medições, 86, 233
Critério de χ^2_{red}, 195
Cronômetro, 108, 137

D

Decaimento radiativo, 18, 20, 21
Definição de erro, 44, 220
Definição de incerteza, 53, 221
Definição de probabilidade, 3, 211
Definição de desvio padrão, 9, 27, 97
Definição de desvio padrão experimental, 101, 221
Definição de desvio padrão de n medições, 97
Desvio de linearidade, 139
Desvio médio, 98
Desvio padrão da distribuição binomial, 12, 22
Desvio padrão da distribuição de Poisson, 14
Desvio padrão de distribuição contínua, 27
Desvio padrão de distribuição discreta, 9
Desvio padrão do desvio padrão do valor médio, 237

243

Desvio padrão experimental, 65, 101, 221, 237
Desvio padrão no valor médio de n medições, 99, 237
Desvio padrão para n medições (definição), 97
Determinante de matriz quadrada, 160, 170
Distância focal de uma lente, 38
Distribuição binomial, 9, 13
Distribuição contínua de probabilidades, 26
Distribuição de Cauchy, 34
Distribuição de Poisson, 13, 15
Distribuição de variável discreta, 7
Distribuição gaussiana, 29, 41
Distribuição gaussiana para erros, 45, 46, 61, 216
Distribuição gaussiana para variável contínua, 33, 29, 45
Distribuição gaussiana para variável discreta, 17, 22
Distribuição de Laplace-Gauss para erros, 29, 45, 46, 61, 216
Distribuição lorentziana, 34
Distribuição normal para erros, 45, 46, 61, 216
Distribuição normal padrão, 215
Distribuição retangular de probabilidades, 33, 40, 60, 62, 106
Distribuição tringular de probabilidades, 33, 40, 60, 62, 106
Distribuições retangulares (superposição de), 47, 50, 52, 60, 62

E

Erro aleatório, 46, 81, 223, 228, 229
Erro de arredondamento numa soma, 231
Erro de calibração, 131
Erro (definição de), 44, 220
Erro elementar, 44, 46, 220
Erro estatístico, 46, 81, 223, 228, 229
Erro grosseiro, 86
Erro ilegítimo, 86
Erro instrumental, 82, 138
Erro provável, 55
Erro sistemático, 78, 82, 223, 228, 229
Erro sistemático ambiental, 83
Erro sistemático e estatístico (distinção entre), 78, 87, 103, 228,

244

Erro sistemático instrumental, 82, 131, 139
Erro sistemático observacional, 83
Erro sistemático residual, 85, 105, 224
Erro sistemático teórico, 84, 185
Estimativa experimental para o desvio padrão, 101, 221
Exatidão, 79, 224
Expansão binomial, 11
Experiência de Millikan, 85

F

Fator de correção, 224
Formas de indicar a incerteza, 54, 56, 222
Formas de indicar a incerteza padrão, 68, 69, 72
Formas de indicar grandeza e incerteza padrão, 72
Fórmula de propagação de incertezas, 113, 118, 121
Fórmula de propagação para covariâncias, 235
Fórmula geral de propagação de incertezas, 121
Fórmulas de propagação para casos específicos, 117, 128
Frequência de ocorrência de um evento, 2
Frequência relativa, 3, 8
Função de densidade de probabilidade, 26
Função de densidade de probabilidade para χ^2, 197
Função de Laplace-Gauss, 29, 45, 46,
Função linear com relação aos parâmetros, 157
Função linear nos parâmetros, 157
Função gaussiana de densidade de probabilidade, 29, 45, 215
Funções linearmente independentes, 158, 170
Funções não lineares nos parâmetros, 158

G

Grandes populações de sistemas idênticos, 18
Grandeza (mensurável), 219
Grandezas sem indicação explícita de incerteza, 73
Graus de liberdade (número de), 56, 193, 195

H

Histograma, 37, 136

I

Incerteza de calibração, 63
Incerteza (definição), 53, 221
Incerteza de tipo A e tipo B, 87, 130, 225, 228
Incerteza de tipo B (combinação de), 104, 127, 228
Incerteza de tipo B (estimativas), 62, 130
Incerteza estatística, 105, 225
Incerteza expandida, 54, 226
Incerteza na média, 99, 153, 155
Incerteza no desvio padrão do valor médio, 237
Incerteza padrão estatística, 225
Incerteza padrão 55, 57, 65, 103, 106, 225
Incerteza padrão experimental, 65
Incerteza padrão de tipo A, 225
Incerteza padrão de tipo B, 225
Incerteza padrão estatística, 225
Incertezas iguais (ajuste com), 162
Incertezas iguais e desconhecidas, 202
Incertezas nos parâmetros ajustados, 161
Incertezas nos parâmetros ajustados de uma reta, 175
Incertezas relativas, 106
Incerteza sistemática residual, 85, 105, 225
Incertezas sistemáticas e estatísticas (distinção entre), 105, 228
Independência entre erros, 123
Independência entre parâmetros, 166
Instrumentos de medição 129,
Interpretação da incerteza padrão, 57, 65
Interpretação de χ^2_{red}, 163, 195
Intervalo de confiança, 55, 226
Intervalo de confiança para o valor verdadeiro, 57, 65
Intervalo de confiança para χ^2_{red}, 198, 199, 200
Inversão de matrizes, 160

J

Justificativa para a função gaussiana, 44, 46, 216

L

Largura da distribuição gaussiana, 29
Lei dos grandes números, 8, 96, 213
Leitura de instrumentos, 129
Leitura de uma régua, 64, 133, 136, 139, 154
Limite de erro, 61, 222, 226
Limite de erro de calibração, 64, 132
Limite de erro estatístico, 102, 131, 222

M

Matriz de covariâncias, 162
Média de medições idênticas, 155
Média de medições não similares, 153
Media dos desvios, 97
Média limite, 8, 96, 223
Média ponderada, 153
Medição, 219
Medições com instrumentos invertidos, 92
Medições em condições de repetitividade, 95
Medições idênticas, 95
Medida, 219
Medida de dispersão, 98
Melhor aproximação para n medições 152, 155
Melhor estimativa de uma grandeza, 53
Melhor valor de uma grandeza, 53,
Mensurando, 41, 53, 220
Método de máxima verossimilhança, 97, 141, 144
Método dos mínimos quadrados, 149
Metrologia, 219

N

Nível de confiança, 55, 226
Níveis de confiança para as várias formas de incerteza, 56, 226
Níveis de confiança para valores de χ^2_{red}, 198
Nônio, 140,
Normalização de distribuição contínua de probabilidades, 27
Normalização de distribuição discreta de probabilidades, 7
Normalização de distribuição gaussiana de probabilidades, 31
Número de graus de liberdade, 56, 193, 195

O

Objetivos da teoria dos erros, 53
Olho humano (resolução do), 84

P

Paquímetro, 134, 135, 140, 154
Parábola, 185, 191
Paralaxe, 83
Parâmetros independentes, 166, 170
Pêndulo, 108
Permutações, 10
Peso estatístico de uma medição, 153, 154
Polinômio, 147, 171, 179, 205
Pontos experimentais, 59, 141, 149, 157, 172,
Precisão, 79, 224
Probabilidade (definição de), 3, 211
Probabilidades para distribuição gaussiana, 30, 214
Probabilidades para χ^2_{red}, 198, 199, 200
Processo de medição, 24
Propagação de incertezas, 113, 117, 121
Propagação de incertezas para covariâncias, 235
Propriedades dos determinantes, 160, 170

248

Q

Qualidade de um ajuste, 146, 189
Qualidade de um resultado (acurácia), 79, 224
Queda livre, 93, 84
Queda livre em plano inclinado, 182, 185

R

Recomendações do BIPM sobre incertezas, 105, 228
Regra prática (para incerteza de calibração), 63
Regras aleatórias sobre incertezas, 228
Regras ortodoxas sobre incertezas, 229
Regressão linear, 171, 172
Regressão linear múltipla, 171
Regressão polinomial, 171, 179
Régua, 64, 133, 136, 139, 154
Rejeição de medições, 86, 233
Relação entre incerteza padrão e limite de erro, 61, 105
Repetitividade, 95, 155, 222
Reprodutibilidade, 152, 222
Resistência elétrica, 178
Resultado de uma medição, 219

S

Superposição de distribuições retangulares, 47, 50, 52

T

Tempo de reação humana, 84
Teorema do limite central, 46, 213
Teorema de Lindeberg-Feller, 46, 215
Teste de χ^2_{red}, 195, 205
Transferência de incerteza para a variável dependente, 125, 172

U

Utilização de χ^2_{red}, 201, 205

V

Valor experimental de uma grandeza, 53
Valor mais provável de χ^2_{red}, 196, 197
Valor médio da distribuição binomial, 12, 13
Valor médio da distribuição de Poisson, 14
Valor médio da distribuição gaussiana, 31
Valor médio de distribuição contínua, 27
Valor médio de distribuição discreta, 8
Valor médio para n medições, 77, 95, 152, 155
Valor médio verdadeiro, 8, 96, 223
Valor médio de χ^2, 197, 210
Valor médio de χ^2_{red}, 196, 197, 210
Valor verdadeiro do mensurando, 41, 219
Variância da distribuição binomial, 12, 22
Variância da distribuição de Poisson, 14
Variância da distribuição gaussiana, 32
Variância de distribuição contínua, 27
Variância de distribuição discreta, 9
Variância de n medições, 97
Variância do desvio padrão do valor médio, 237
Variável contínua, 23
Variável discreta, 7, 24
Velocidade da luz no vácuo, 42
Verossimilhança, 141, 144, 189
Verossimilhança no ajuste de polinômio, 147, 205
VIM, 217
Voltímetro digital, 111, 137
Volume de um cilindro (propagação de incertezas), 114

χ^2-estatístico, 151, 163, 195